JN196223

設計技術シリーズ

車載機器のEMC技術
—低ノイズ・省エネルギーの実現方法—

［編集］
月刊EMC編集部

科学情報出版株式会社

目　　　次

第3章　自動車のAMラジオノイズの把握
車両におけるラジオノイズ源の可視化技術

第4章　ECUのEMC設計
車載電子機器のEMC設計を実現するEDA

第5章　～自動車ECUに使用～
車載向けマイコンのEMC設計と対策事例

第6章　自動車などでも活用が見込める空間電磁界測定技術

第7章　自動車、バス向けワイヤレス給電
　　　　自動車の無線電力伝送技術とEMC

第8章 人体にも安全安心「電磁波被爆の防止」 車載デバイスEMS試験ロボット 「ティーチング支援システム」

第9章 民生EMCと車載機器EMCの相違点 1 国内外規格と試験概説

第10章　民生EMCと車載機器EMCの相違点 2
民生機器と車載機器の
エミッション規格と測定方法の比較

第11章　民生EMCと車載機器EMCの相違点 3　民生機器と車載機器の　イミュニティ規格と試験方法の比較

※本書は月刊EMC2013年〜2016年の記事を再編集したものとなり、各章毎に完結する内容となります。

第 **1** 章

パワー半導体とEMC
フルSiCハイブリッド車時代に要求される
EMC技術

1．はじめに

2020年、世界で初めてトヨタ自動車の量産ハイブリッド車にSiCパワー半導体が搭載されることが決定した（トヨタ自動車が2014年5月20日に報道）。ここで2015年現在において分かっていることは[1]、ダイオード側だけでなくFET側もSiC化されたフルSiC電力変換器となる[1]、スイッチング周波数が現在の10kHzから50kHz〜80kHzに上昇する、という2点である。上記2点について、それぞれ技術的な思惑が存在する。

前者においては、SiCパワー半導体の高い接合温度駆動が可能となる耐熱性能を活かした車載用冷却システムの簡易化である。現在のハイブリッド車はエンジン冷却用の110℃系と電力変換器冷却用の65℃系の冷却ラインに分割されている。これは従来のシリコンパワー半導体の代表であるSi IGBTを使用しているからである。この冷却ラインはラジエータ、冷却水配管ライン、冷却水循環用ポンプ等から構成され、2つの冷却系統確保はコストと重量の追加を意味する。これに対して、接合温度が200℃を超えて駆動可能なSiCMOS-FETを車載用電力変換器に適用した場合、エンジン冷却用の110℃冷却ラインと共有、さらには空冷のみで電力変換器を搭載できる可能性を意味する。すなわち次世代ハイブリッド車の低コスト化、小型軽量化に大きな貢献が期待されることとなる。

後者のスイッチング周波数の高周波化は、そのまま電力変換器に使用されている受動素子（インダクタ、トランス、平滑用キャパシタ）の小型化を意味する。2015年に開催された全国的な技術展示会において、トヨタ自動車は自社で搭載する電力変換器システム（彼らはPCU：Power Control Unitと呼んでいる）が1/5の体積となることを紹介した。これは、SiCパワー半導体のスイッチング損失が従来のSi IGBTと比較して大幅に削減可能であることから、例えば同じ冷却システムと規定する場合、スイッチング周波数を上昇させることが可能となり、受動素子の小型化ができることが大きく寄与している。図1-1に示すように、トヨタ自動車が呼んでいるPCUの中には、ニッケル水素電池、若しくはリチウムイオン電池の200V程度の電圧を650Vまで昇圧する昇圧チョッ

パと、車両駆動用モータ、回生用ジェネレータを制御するインバータ、整流器から構成される[1]。今回の小型化に寄与するのは主に昇圧チョッパのインダクタやキャパシタ部となる。しかしながら、電力変換器のスイッチング周波数の高周波化は、受動素子の小型化効果に対して大きな問題を秘めている。ノイズの増加である。

　従来は SiC パワー半導体を適用することにより、パワー半導体に印加される電圧の dv/dt が増加することによる高周波領域におけるノイズの増加が問題として取り上げられることが多かった。しかしながら、今回の報告でスイッチング周波数の上昇はパワー半導体の種類の変更とは比較にならないレベルでのノイズ増加を招くことが分かってきた。もちろん、そのスイッチング周波数の増加は各パワー半導体の低スイッチング性能に依存するが、ノイズの発生原因はパワー半導体の種類に依存しない。今回はスイッチング周波数増加によるノイズ増加状況について実験結果を示し、今後の高周波スイッチング時代に対する問題解決の糸口を掲示する。

　本章では、昇圧チョッパを従来の 10kHz に対して 50kHz とした際のノイズの観点からの問題点について議論していく。具体的にはローム製

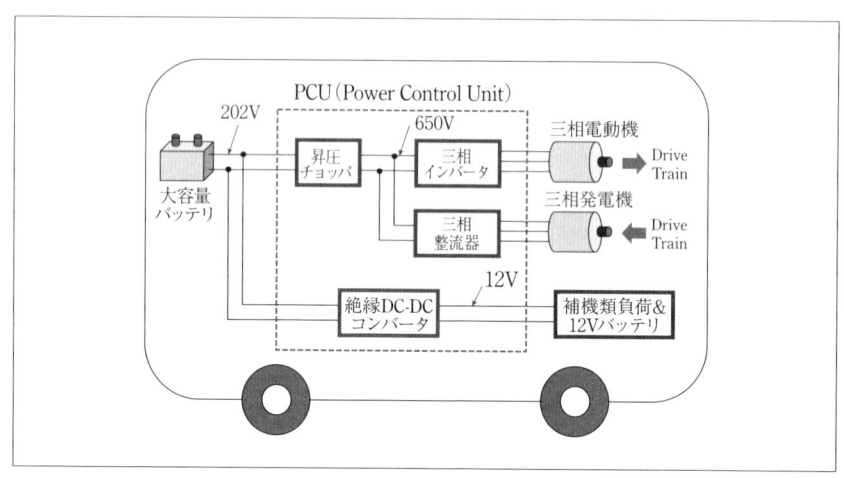

〔図1-1〕ハイブリッド車用 PCU の基本構成

SiCMOS-FET を適用することによるノイズの発生状況、そしてスイッチング周波数を 50kHz とした場合のノイズの発生状況について、それぞれその原因を抽出して議論を展開する。

2．ノイズ評価方法
2－1　ノイズ評価対象回路

　本章のノイズ評価方法としては、全く同じ回路に対して、デバイスだけを取り替えることで各ノイズを計測し、それらの相対比較を行うものである。対象デバイスは SiCMOS-FET として、SCH2080KE[2](ローム製)を採用する。評価回路としては図 1-2 に示す降圧 DC-DC コンバータとした。各回路定数を表 1-1 に示す。この回路は、入力は 100V の商用電源であり、それらをダイオード整流器により平滑して平滑キャパシタ間電圧を直流としている。この直流電圧を評価用パワー半導体 Q_1、Q_2 のパルス駆動により、出力側電圧平均値を降圧させる回路構成となっている。

　ノイズ評価用に実際に構築した実機回路を図 1-3 に示す。対象となる

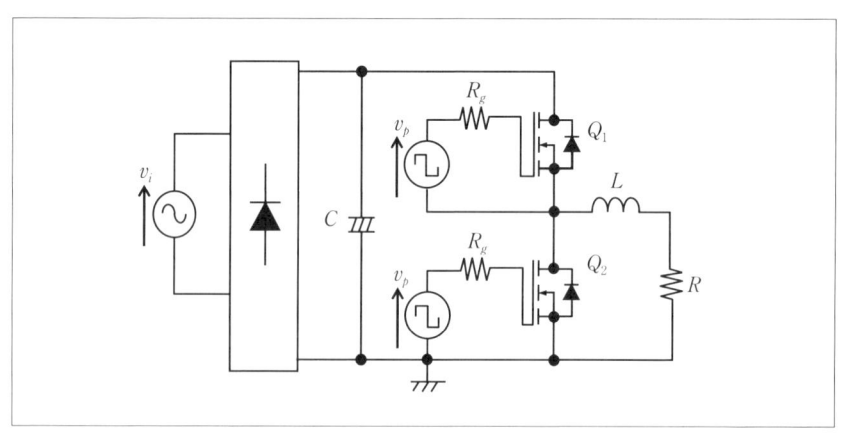

〔図 1-2〕ノイズ測定回路

〔表 1-1〕ノイズ測定回路の回路定数

Pulse voltage	v_p	$0 \sim 15V$
Input voltage	V_{in}	141V
Gate resistance	R_g	$3\Omega, 20\Omega$
Inductance	L	1mH
Switching frequency	f_s	10kHz, 50kHz
Resistance	R	120Ω
Capacitor	C	$2200\mu F$

パワー半導体として電圧定格は 1200V、定格電流は 35A のものを使用した。モジュールパッケージ規格は TO247 である。

2−2　伝導性ノイズ評価環境

　図 1-4 に伝送性ノイズに対する評価環境模式図を示す。今回は島根県産業技術センター[3]所有の電波暗室を使用した。今回の伝導性ノイズ測定方法は基準となる導体面（今回は床面と同位）に ノイズ評価回路を配置し、LISN（疑似電源回路網）により伝導性ノイズ成分をフィルタリン

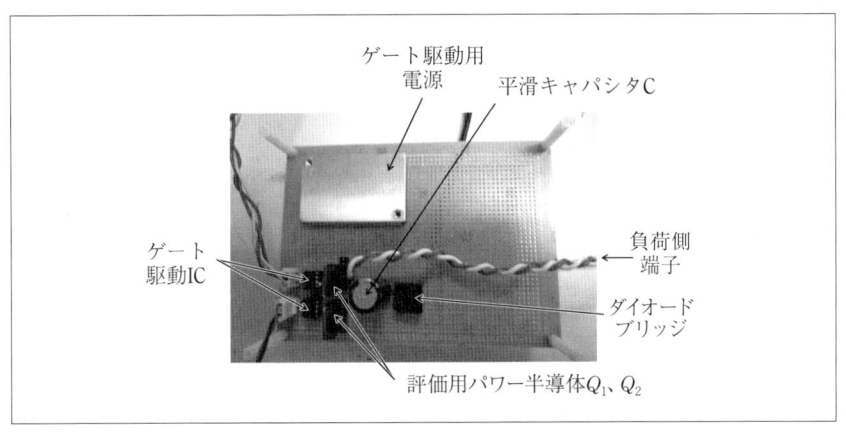

〔図 1-3〕ノイズ測定回路の実機構成

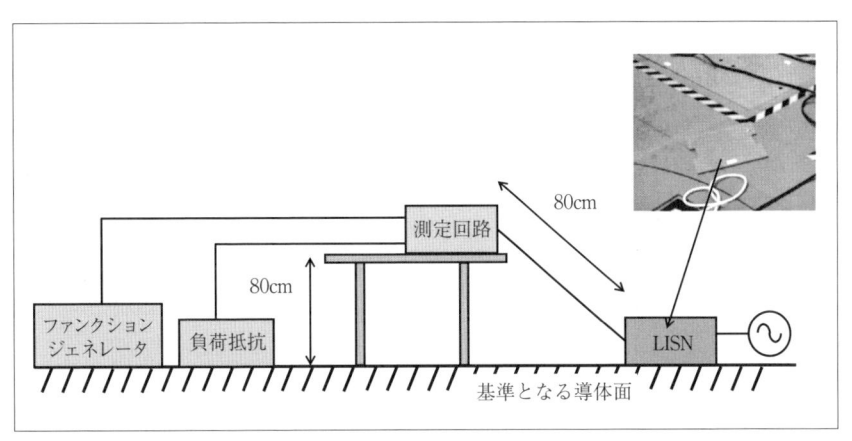

〔図 1-4〕伝導性ノイズ評価システム

グし、最終的にはスペクトラムアナライザで測定される。今回使用した AC 電源用 LISN を図 1-3 の写真に示す。またこの LISN に接続されるスペクトラムアナライザは N9020A（アジレント・テクノロジー製）である。図 1-4 に示した通り、LISN と測定回路は 80cm 離し伝導性ノイズを測定する。測定回路は基準導体面から 80cm 離しており、さらに導体となる垂直面（今回は電波暗室内壁面）からも 80cm 以上の充分な距離を確保している。負荷抵抗、負荷インダクタンスについては、基準導体面に設置しており、パワー半導体に対するパルス信号発生器として使用したファンクションジェネレータも、同じく基準導体面に設置した。ファンクションジェネレータからのパルス信号はデューティー比 0.45 で駆動し、上下パワー半導体が短絡しないよう、デッドタイムを 2μs 確保している。

2－3　放射性ノイズ評価環境

　図 1-5 に放射性ノイズに対する評価環境模式図を示す。規格に則った 3m 法を採用して測定を行っている。放射性ノイズを感知するバイログ

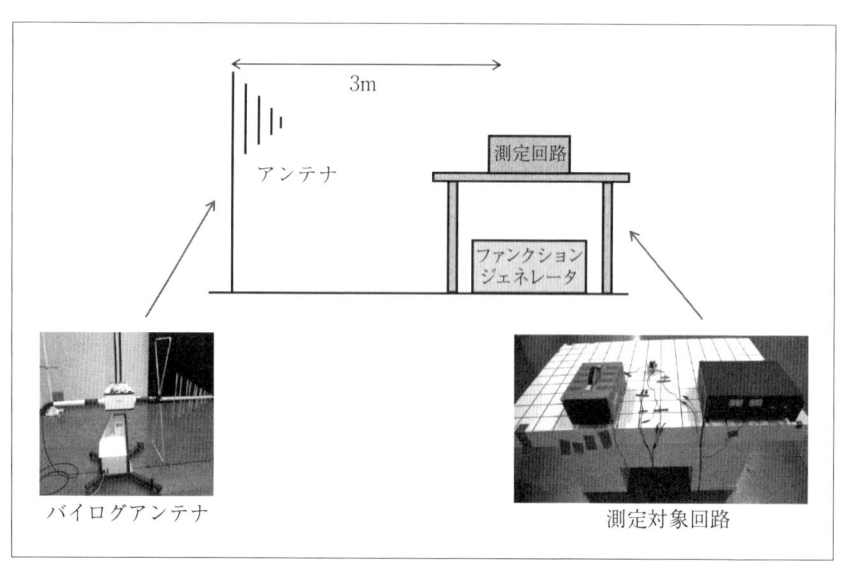

〔図 1-5〕放射性ノイズ評価システム

アンテナとノイズ源であるノイズ評価回路の距離を 3m に保ち、パワー半導体用パルス信号源であるファンクションジェネレータは測定対象回路の下部床面に接地している。今回使用したバイログアンテナは 90 度ずつ回転し、水平に飛ぶ放射ノイズと垂直に飛ぶ放射ノイズを測定することができる。測定結果も水平放射ノイズ、垂直放射ノイズに分けてデータ掲示を行う。

3. 伝導性ノイズ評価

3-1　伝導性ノイズ評価条件

　伝導性ノイズの評価としては、2つの観点から議論を行う。すなわち
1) スイッチング周波数が伝導性ノイズに及ぼす影響
2) スイッチング波形 (*dv/dt*) が伝導性ノイズに及ぼす影響
である。

　前者については、スイッチング周波数の違いによる影響のみを抽出するため、同じ SiCMOS-FET (SCH2080KE) を使用する条件で、周波数を 10kHz と 50kHz における伝導性ノイズの計測を行った。これらの周波数はトヨタ自動車の3代目プリウスの PCU における最大スイッチング周波数 10kHz、そして SiCMOS-FET を適用した場合のハイブリッド車の PCU の予想最低スイッチング周波数 50kHz を想定している。

　後者のパワー半導体のドレイン・ソース間電圧の変化率 *dv/dt* が伝導性ノイズに及ぼす原因を明確化するため、前者と同じ SiCMOS-FET (SCH2080KE) を使用して、ゲート抵抗の変更により *dv/dt* のみの変化による相対比較を試みた。具体的にはゲート抵抗 $R_g=3\Omega$ の場合と $R_g=20\Omega$ の場合における、伝導性ノイズの相対比較を行った。

　以下、その結果を示す。

3-2　スイッチング周波数 10kHz 時、
　　　50kHz 時の伝導性ノイズ相対比較

　スイッチング周波数が 10kHz 時の伝導性ノイズ測定結果 (ゲート抵抗 $R_g=3\Omega$) を図 1-6 (a)、50kHz 時の伝導性ノイズ測定結果 (ゲート抵抗 $R_g=3\Omega$) を図 1-6 (b) に示す。結果は一目瞭然であり、全ての周波数領域において 50kHz 時のノイズレベルが高くなっている。さらに、50kHz 時において、全ての周波数領域に対してノイズ振幅が大きくなっていることが確認できる。これはスイッチング周波数 50kHz 時には、DC-DC コンバータの 1 サンプリング期間内における電圧遷移回数がスイッチング周波数 10kHz 時に対して 5 倍となることから、この様なノイズレベルの上昇を招いていると考えられる。ただし、これらの結果はゲート抵抗 $R_g=3\Omega$ に固定しており、パワー半導体のドレイン・ソース間電圧の

変化率 dv/dt の影響は無視することができる。よって、伝導性ノイズ測定結果の 12MHz 付近に見られるピーク部分の周波数は、スイッチング周波数 10kHz 時と 50kHz 時で変わっていない。これはゲート抵抗 $R_g=3\Omega$ に固定することで、ドレイン・ソース間電圧の変化率 dv/dt の影響を無くしており、スイッチング周波数のみの影響を抽出できている

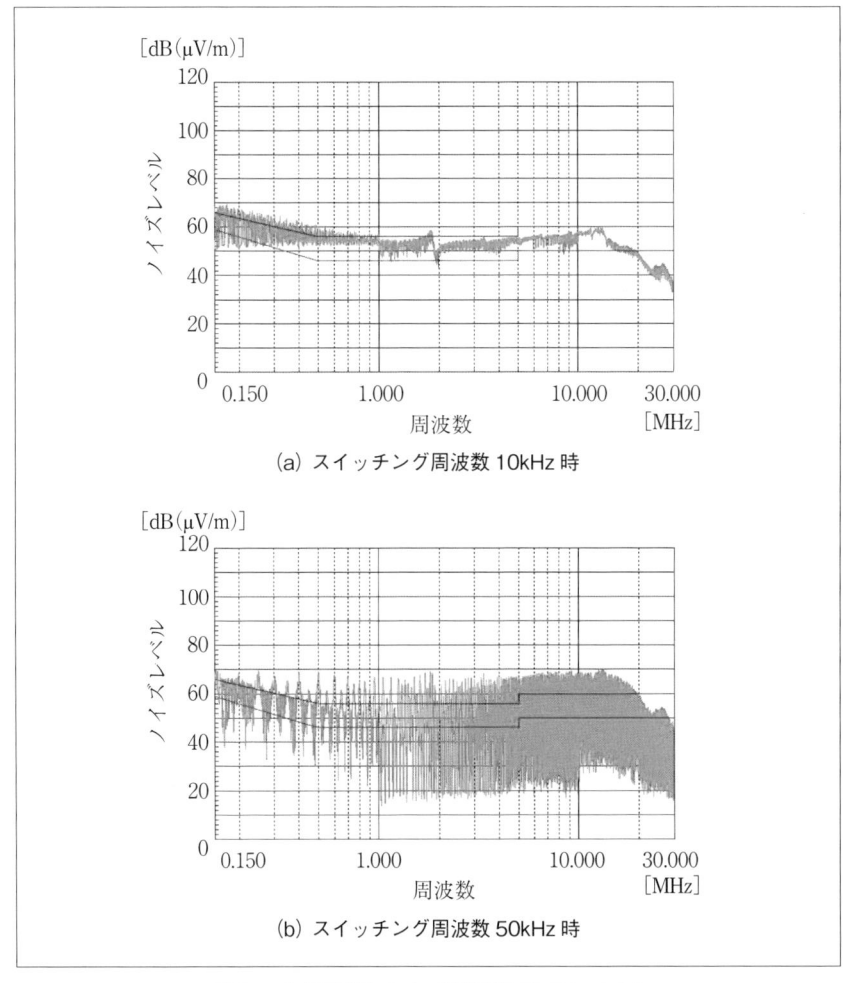

(a) スイッチング周波数 10kHz 時

(b) スイッチング周波数 50kHz 時

〔図 1-6〕伝導性ノイズ計測結果（$R_g=3\Omega$）

ことを示している。

　同様に図 1-7（a）にスイッチング周波数が 10kHz 時の伝導性ノイズ測定結果（ゲート抵抗 R_g=20Ω）、図 1-7（b）にスイッチング周波数が 50kHz 時の伝導性ノイズ測定結果（ゲート抵抗 R_g=20Ω）を示す。ここでもゲート抵抗 R_g=3Ω 時と同様、ピーク部の周波数は一致しながら、

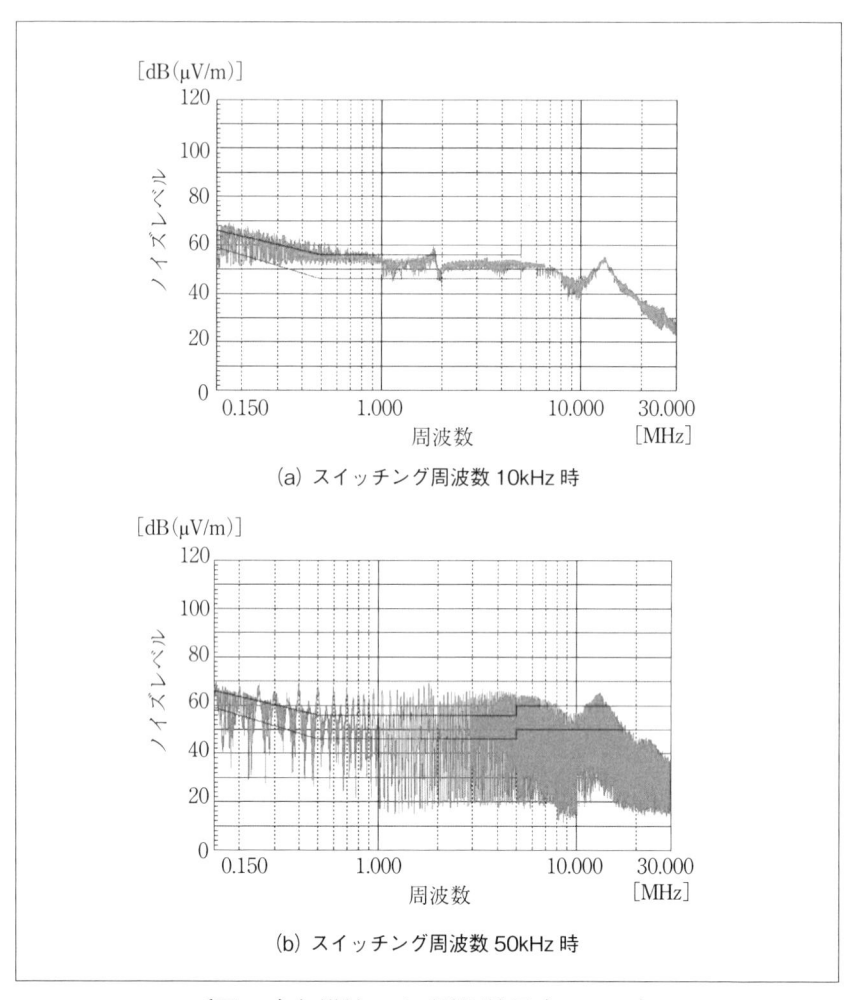

(a) スイッチング周波数 10kHz 時

(b) スイッチング周波数 50kHz 時

〔図 1-7〕伝導性ノイズ計測結果（R_g=20Ω）

全体的なノイズレベルは上昇していることが分かる。参考までに、ゲート抵抗 $R_g=20\,\Omega$ 時におけるスイッチング周波数 10kHz 時と 50kHz 時のスイッチング波形を図 1-8 に示す。この波形よりドレイン・ソース間電圧の変化率 dv/dt 並びに、スイッチング時におけるリンギング波形の周波数はスイッチング周波数による影響を受けていないことが確認できる。

　これらの結果より、高周波領域での伝導性ノイズ発生傾向は維持したまま、全体ノイズレベルが上がるのが、スイッチング周波数の影響と考

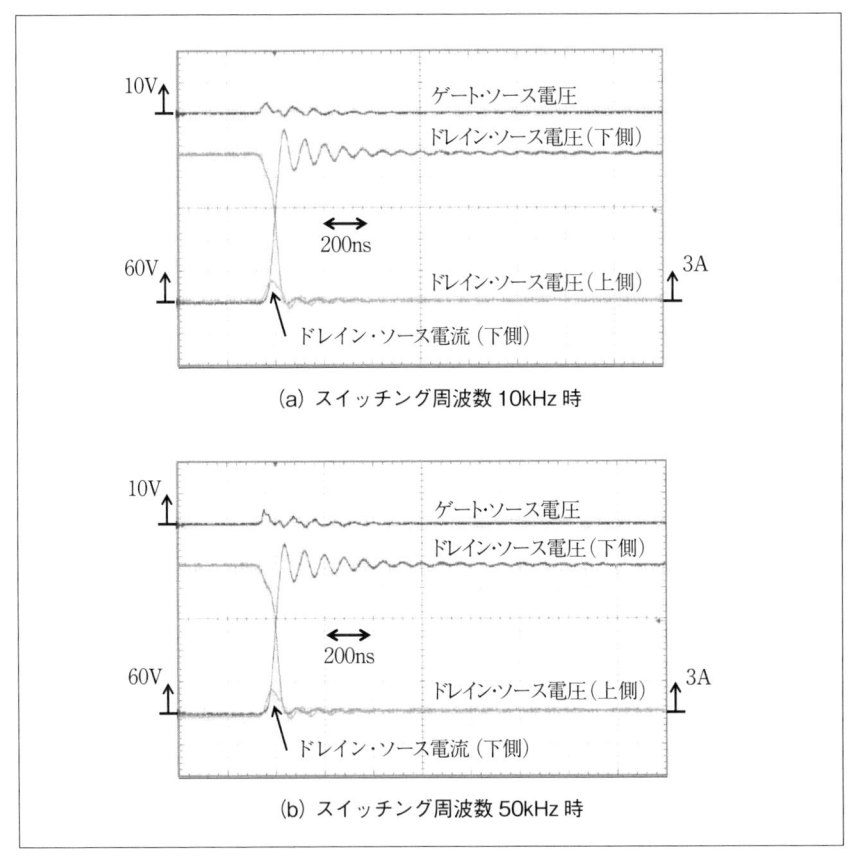

(a) スイッチング周波数 10kHz 時

(b) スイッチング周波数 50kHz 時

〔図 1-8〕各部電圧・電流結果 (R_g=20 Ω)

えることができる。

3－3　ゲート抵抗 R_g=3Ω時、R_g=20Ω時の伝導性ノイズ相対比較

　スイッチング周波数を 10kHz に固定して、ゲート抵抗 R_g＝3Ω とした場合の伝導性ノイズ測定結果を図 1-9（a）、ゲート抵抗 R_g＝20Ω の場合の伝導性ノイズ測定結果を図 1-9（b）に示す。この相対比較を行うと、

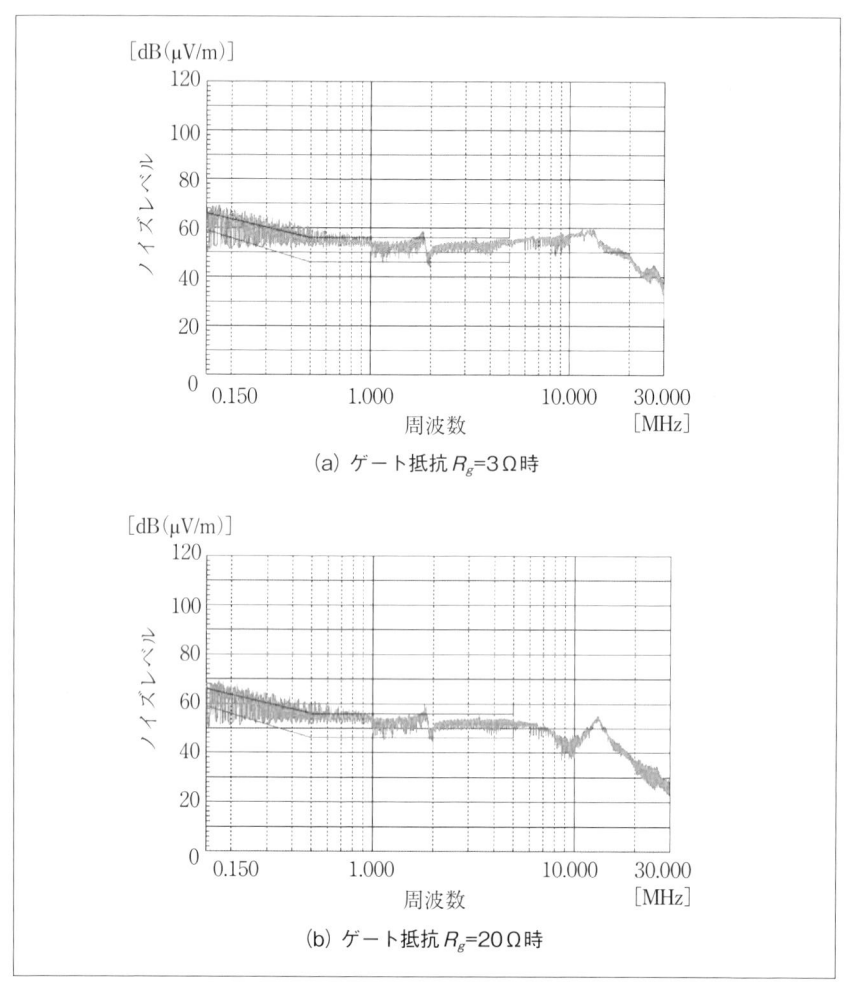

（a）ゲート抵抗 R_g=3Ω時

（b）ゲート抵抗 R_g=20Ω時

〔図 1-9〕伝導性ノイズ計測結果（スイッチング周波数 10kHz）

ゲート抵抗 $R_g=3\Omega$ 時に対して $R_g=20\Omega$ 時は、10MHz 付近で 10dB 程度ノイズ低減ができていることが分かる。これはゲート抵抗が大きくなることにより、ドレイン・ソース間電圧の変化率 dv/dt が大きくなることで、高周波領域におけるノイズが低減されることを意味している。逆に、例えばドレイン・ソース間電圧の変化率 dv/dt が大きい SiCMOS-FET を電力変換器に適用する場合、10MHz 付近におけるノイズレベルの上昇が予想される。参考までに、スイッチング周波数 10kHz 時におけるゲート抵抗 $R_g=3\Omega$ 時、$R_g=20\Omega$ 時のスイッチング波形を図 1-10 に示す。

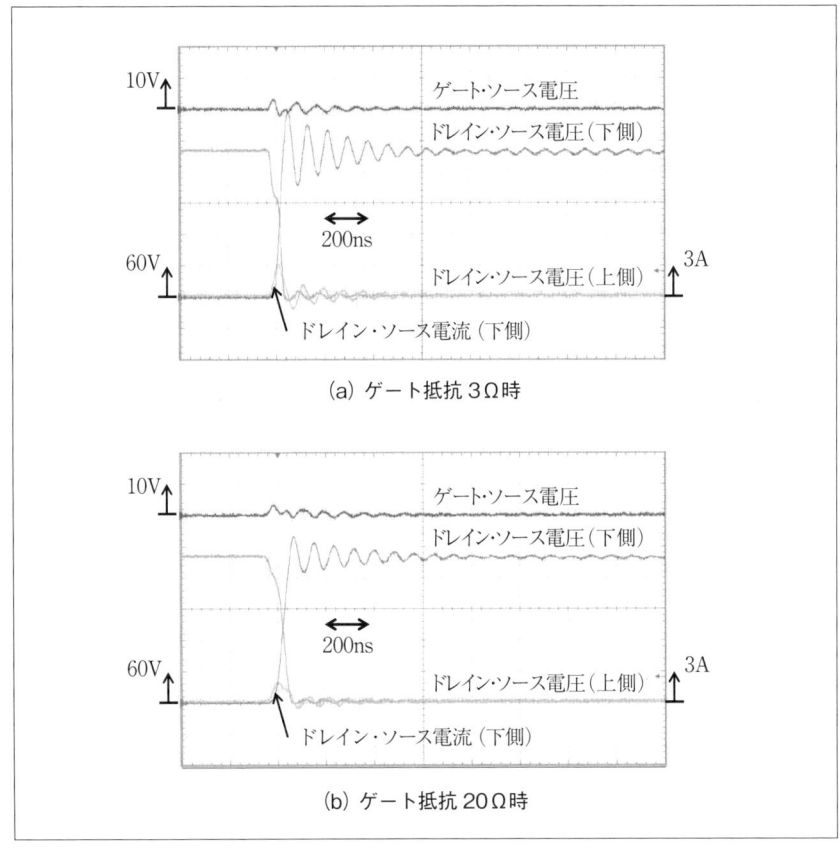

（a）ゲート抵抗 3Ω時

（b）ゲート抵抗 20Ω時

〔図 1-10〕各部電圧・電流結果（f_s=10kHz）

ゲート抵抗が大きくなると、ドレイン・ソース間電圧の変化率 dv/dt が小さくなることが確認できる。

　次に、スイッチング周波数を 50kHz に固定して、ゲート抵抗 $R_g=3\Omega$ とした場合の伝導性ノイズ測定結果を図 1-11 (a)、ゲート抵抗 $R_g=20\Omega$ の場合の伝導性ノイズ測定結果を図 1-11 (b) に示す。この結果から、ス

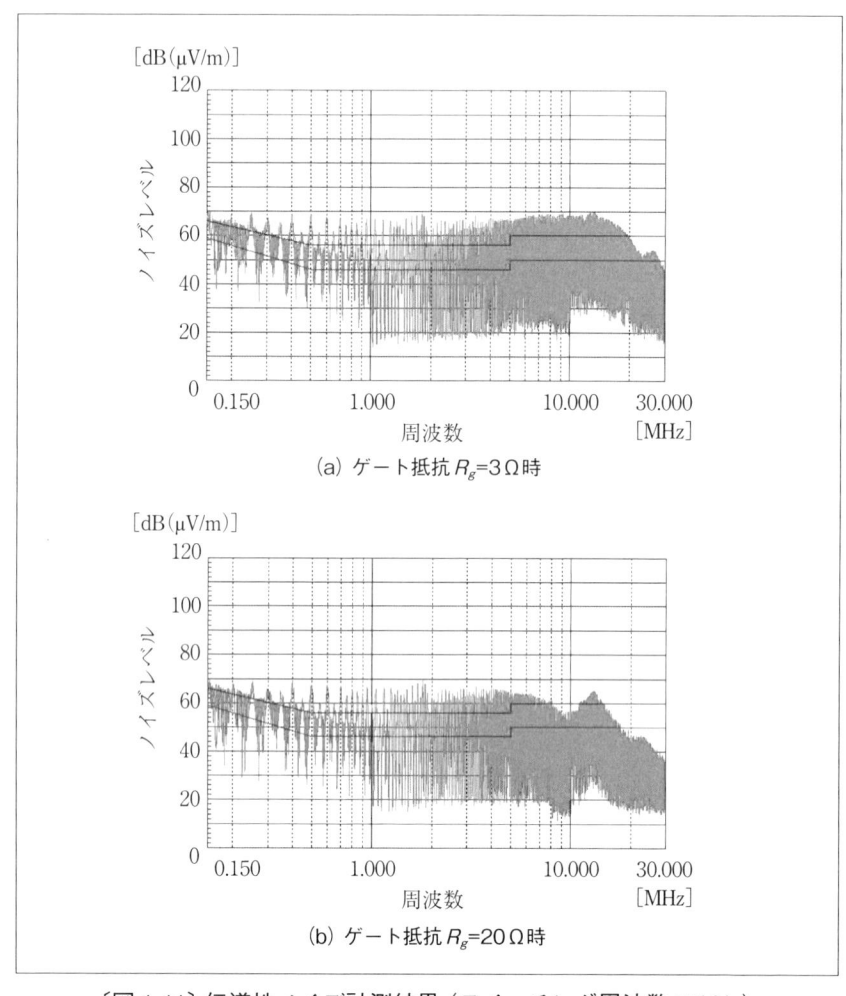

(a) ゲート抵抗 $R_g=3\Omega$時

(b) ゲート抵抗 $R_g=20\Omega$時

〔図 1-11〕伝導性ノイズ計測結果 (スイッチング周波数 50kHz)

イッチング周波数が上昇することで、ノイズレベルの上昇、ノイズ振幅の増加は見られるものの、スイッチング周波数が 10kHz 時と全く同じ現象を指摘できる。

4．放射性ノイズ評価

4－1　スイッチング周波数 10kHz の場合

　前節までの伝導性ノイズ測定では 150kHz から 30MHz までの周波数帯域の回路上から発生するノイズを測定したが、この章からは 30MHz から 1GHz までの高周波帯域で回路上から発生するノイズを測定する。図 1-12 にゲート抵抗 R_g=3Ω 時、ゲート抵抗 R_g=20Ω 時におけるバイログアンテナ水平時の放射性ノイズ測定結果を示す。この図より、ドレイン・ソース間電圧の変化率 dv/dt が小さくなることで、30MHz ～ 200MHz 帯におけるノイズレベルが 10 ～ 20dB 抑制できていることが分かる。特に 50MHz ～ 100MHz 帯におけるノイズ低減効果が非常に大きい。これは車載用電力変換器として見た場合、FM ラジオ周波数帯域におけるノイズへの影響が、ドレイン・ソース間電圧の変化率 dv/dt に留意することで対策が可能であることを示している。逆に、この変化率 dv/dt が大きい SiCMOS-FET を電力変換器に適用する場合、この FM ラジオ周波数帯に対するノイズ対策が放射性ノイズにおいて必要となることを示している。

　図 1-13 にゲート抵抗 R_g=3Ω 時、ゲート抵抗 R_g=20Ω 時におけるバイログアンテナ垂直時の放射性ノイズ測定結果を示す。こちらも水平時の放射性ノイズに関する議論と全く同様の指摘が可能である。

4－2　スイッチング周波数 50kHz の場合

　図 1-14 にスイッチング周波数 50kHz の場合のバイログアンテナ水平時の放射性ノイズ測定結果を示し、図 1-15 にバイログアンテナ垂直時の放射性ノイズ測定結果を示す。この図より、ドレイン・ソース間電圧の変化率 dv/dt が小さくなることで、30MHz ～ 400MHz 帯におけるノイズレベルが 10 ～ 20dB 抑制できていることが分かる。スイッチング周波数 10kHz 時と比較して、より高周波領域にまで影響を及ぼしている。また、図 1-12 のスイッチング周波数 10kHz 時の場合と比較すると、50kHz 時においては、全体的にノイズレベルは伝導性ノイズの議論と同様、増加傾向が見られるものの、例えば 200MHz 時においては、50kHz 時において逆にノイズレベルを低減できている。放射性ノイズとスイッ

チング周波数との関係については、今後、より定量的な議論が必要とな
ろう。

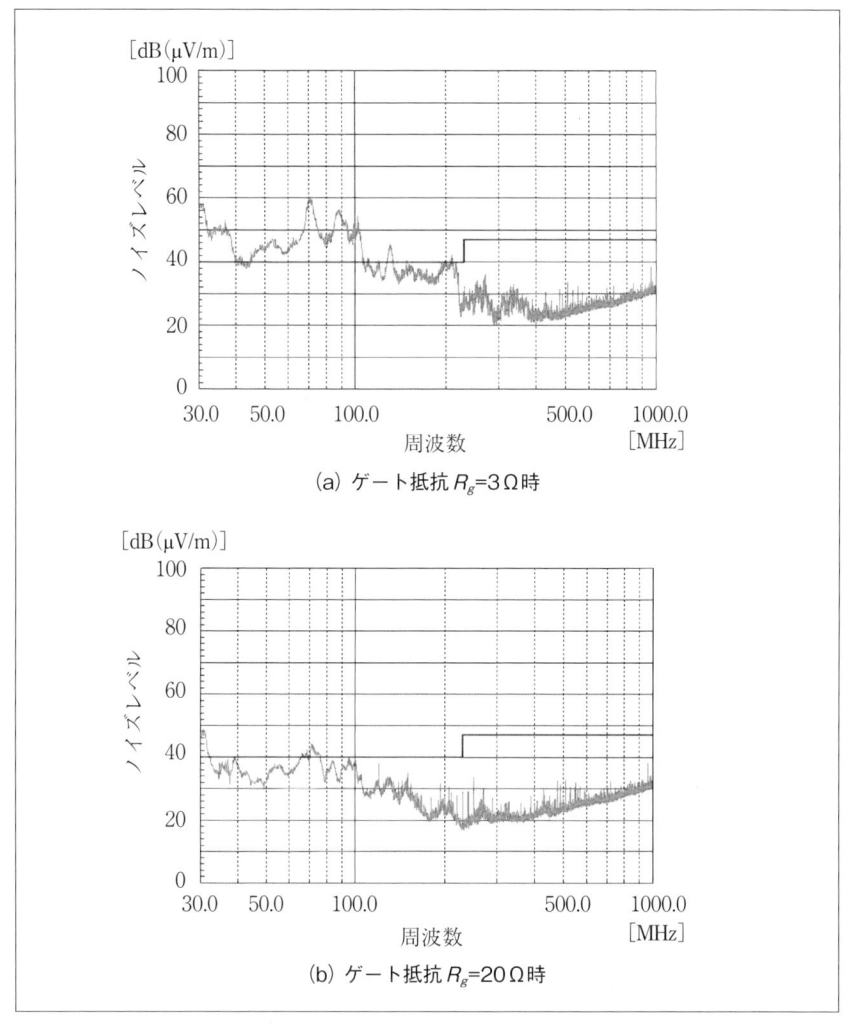

(a) ゲート抵抗 R_g=3Ω時

(b) ゲート抵抗 R_g=20Ω時

〔図 1-12〕水平放射性ノイズ計測結果（スイッチング周波数 10kHz）

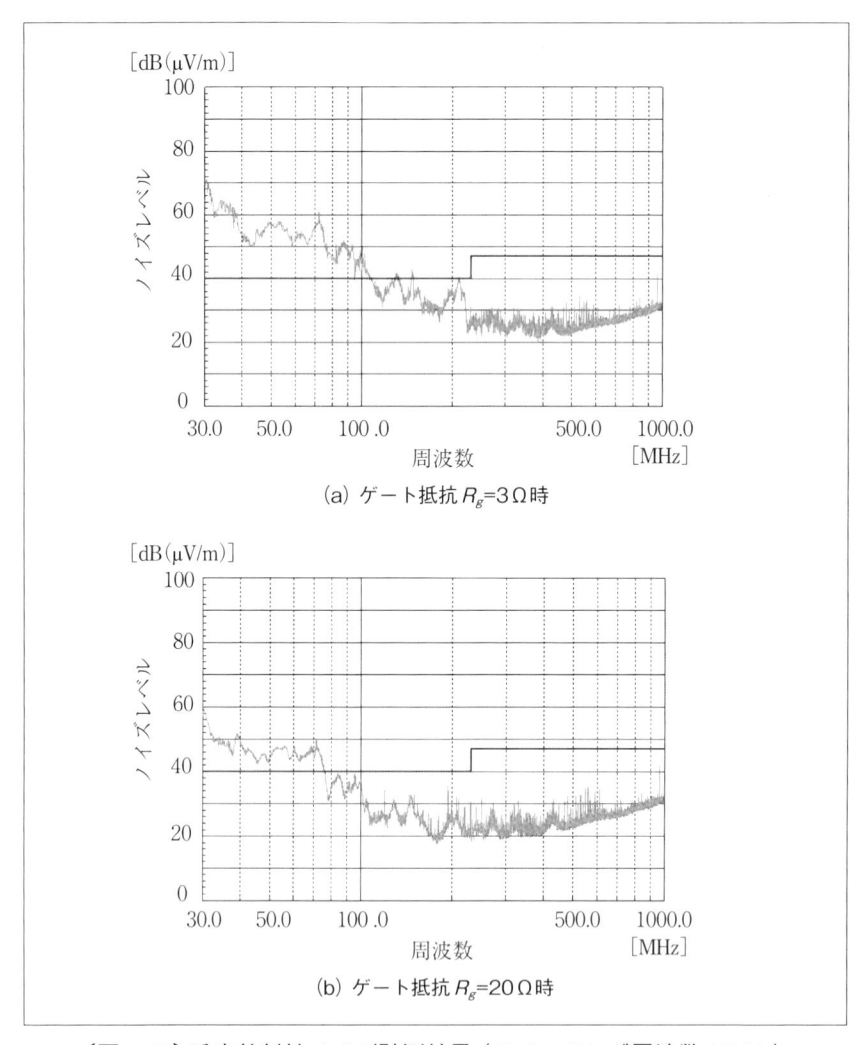

(a) ゲート抵抗 R_g=3Ω時

(b) ゲート抵抗 R_g=20Ω時

〔図1-13〕垂直放射性ノイズ計測結果（スイッチング周波数10kHz）

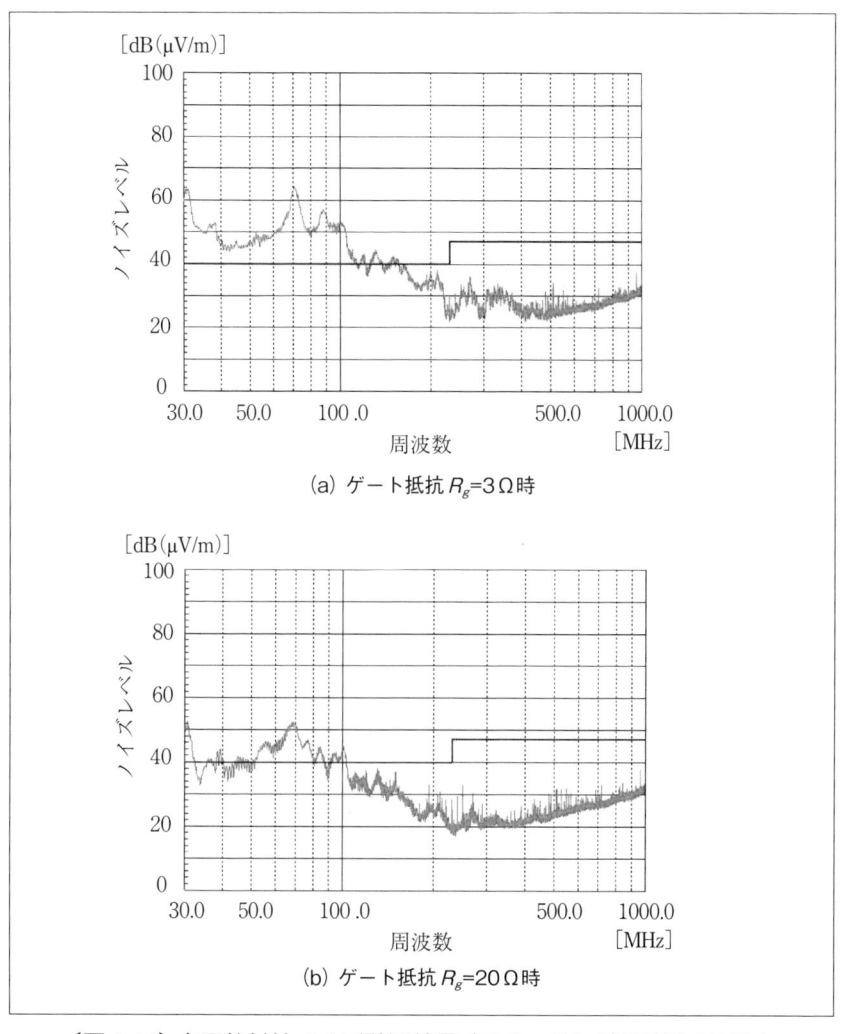

(a) ゲート抵抗 R_g=3Ω時

(b) ゲート抵抗 R_g=20Ω時

〔図 1-14〕水平放射性ノイズ計測結果（スイッチング周波数 50kHz）

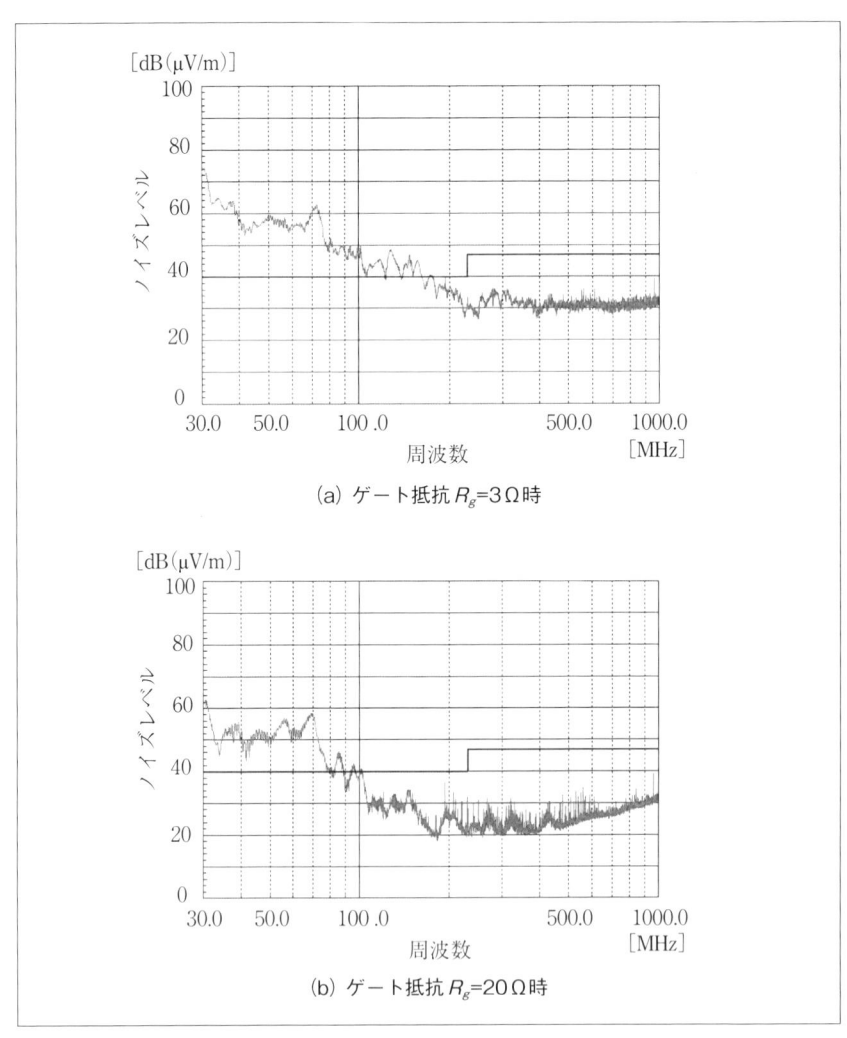

(a) ゲート抵抗 R_g=3Ω時

(b) ゲート抵抗 R_g=20Ω時

〔図 1-15〕垂直放射性ノイズ計測結果（スイッチング周波数 50kHz）

5．まとめ

　本章では、炭化シリコン（SiC）ベースのパワー半導体を適用した場合において、スイッチング周波数を変化させた場合、パワー半導体のドレイン・ソース間電圧の変化率 dv/dt を変化させた場合の2点について、伝導性ノイズ、放射性ノイズの相対比較実験を行った。そのノイズ計測結果から考察を行うことで、以下の成果が得られた。

　伝導性ノイズ測定から得られた結果として

・スイッチング周波数が 10kHz から 50kHz に上昇することで、全体的なノイズレベル、ノイズ振幅の増加が見られる

・ドレイン・ソース間電圧の変化率 dv/dt の違いにより、特に 10MHz 付近での顕著なノイズレベルの違いが確認できる

　放射性ノイズ測定結果から得られた結果として

・スイッチング周波数の上昇によるノイズ振幅の違いは、伝導性ノイズほどは見受けられない

・ゲート抵抗の変化により車載用電力変換器で問題となる FM ラジオ周波数帯のノイズレベルを低減可能であることが分かる

　SiC パワー半導体の適用は、スイッチング周波数の上昇、ドレイン・ソース間電圧の変化率 dv/dt の増加を意味する。特に今回の検証で明らかになったことは、パワー半導体の違い（ドレイン・ソース間電圧の変化率 dv/dt の違い）ではなく、スイッチング周波数の上昇が、特に伝導性ノイズに大きな影響を及ぼすことが明確となった。この伝導性ノイズレベルの増加については、応用時に非常に大きな EMC フィルタを付属させることを意味する。一般的にはスイッチング周波数の上昇は、電力変換器における各受動素子の小型化実現を図る手段として歓迎される傾向にあるが、今後はこの大型化する EMC フィルタの体積換算を含めたシステム設計が必要となると考えられる。

　2020 年は SiC パワー半導体時代の幕開けを迎える。この時代の到来に際し、我が国の基幹技術である自動車用電力変換器応用に対してのノイズ対策技術を確保、準備することが、次世代の我が国の電機分野発展の大きな鍵を握っている。本章がその一助となれば幸いである。

第2章

車載機器の無線通信利用の拡大とEMC
自動車ハーネスの無線化と車外漏洩

1．まえがき

　現在、東京オリンピックが開催される 2020 年に向けて自動運転車（レベル 3 または 4）の研究開発が行われている。実現のために様々なセンサ技術やアルゴリズムの開発が進められ、車線維持支援（LKAS）や周辺監視などによる予防安全システムの高機能化はこれからの数年間で想定外のスピードで進化していくだろう。さて航空機は、上空では自動操縦（オートパイロット）で飛行することが多いが、離着陸時ではスマートフォンやノート PC などの電子機器の使用が禁止されている。一方、町並みを「走る」「止まる」「曲がる」などを繰り返しながら走行する自動車を取り巻く電波環境は航空機以上に劣悪であり、狭い車内にノイズ発生源であるエンジンや数十個のマイクロモータを搭載しながら走行する。そこで快適性・信頼性・耐環境性を実現するために ECU（電子制御ユニット）や ECU 間を接続する銅線ケーブル（ハーネス）はノイズの影響を受けて誤動作しないように、またはノイズを放出しないように EMC（Electromagnetic Compatibility Design）を考慮した筐体やシールド構造などの設計が行われている。

　電子化は自動車の快適性・信頼性を高める重要な要素となっているが、それと共に ECU（Electronic Control Unit）やハーネスの回路数は急速に増加し、個別に行われていた電子制御はハーネスの軽量化やスペース確保のためにネットワーク化されている。今後、高機能化と共にさらに膨大化するハーネスに対して煩雑なハーネス接続からの解放および車体の軽量化を実現するために、マルチメディア系を中心に耐マルチパス特性に優れた UWB（Ultra-Wideband）無線に置き換えられ、複数チャネルでの高速無線通信が実現できるだろう。一方、無線技術によって「人」と「車」と「道路」を一体化する ITS（高度道路交通システム）は急速に進み、Wi-Fi や DSRC（Dedicated Short Range Communications）、車載レーダなど電波利用の拡大によって車内の ECU やハーネスは車内だけでなく、車外からも厳しい干渉（ノイズ）に晒されることになる。かつてオートマ車が車外からの電波によって急発進・急停車するという事故があったが、今後ますます車外からの干渉対策が必要となる。さらに年々強化される

世界的な燃費規制によって金属から樹脂へと車体の軽量化が進められていくとECUやハーネス等は並走車や道路沿線の無線機器との与干渉・被干渉が重要な課題になると考えられる[4]。

　そこで本章では2節で自動車を取り巻く電波環境を概説し、3節で無線ハーネスの実現性、そして4節で車外への漏洩について報告する。

２．自動車を取り巻く電波環境と無線ハーネス

　図 2-1 のように自動車の電子化が進み、搭載される ECU の数は 50 〜 100 個と増加している。それと共に ECU インターフェースの配線が複雑化し、ハーネス重量の増加も新たな課題となっている。そこで煩雑な配線接続からの解放と車体の軽量化を実現するためにハーネスの無線化が提案され、検討されている [5〜8]。しかし車体のほとんどが鋼板でできているため車内は厳しい多重反射（マルチパス）環境にあり、従来の伝送技術での高速伝送や多元接続は難しい。そこで近距離高速無線ネットワーク技術として UWB 無線が注目されている。例えば、図 2-2 のように車内空間を 7 つに分け、それぞれに無線アクセスポイント（AP：メッシュ構造）を設置することにより多くのハーネス接続を省き、軽量化を大きく進めることができる。またワイヤレス USB や 1394 を経由して車載 PC サーバへのアクセスや座席モニタへの高精度動画など様々な無線

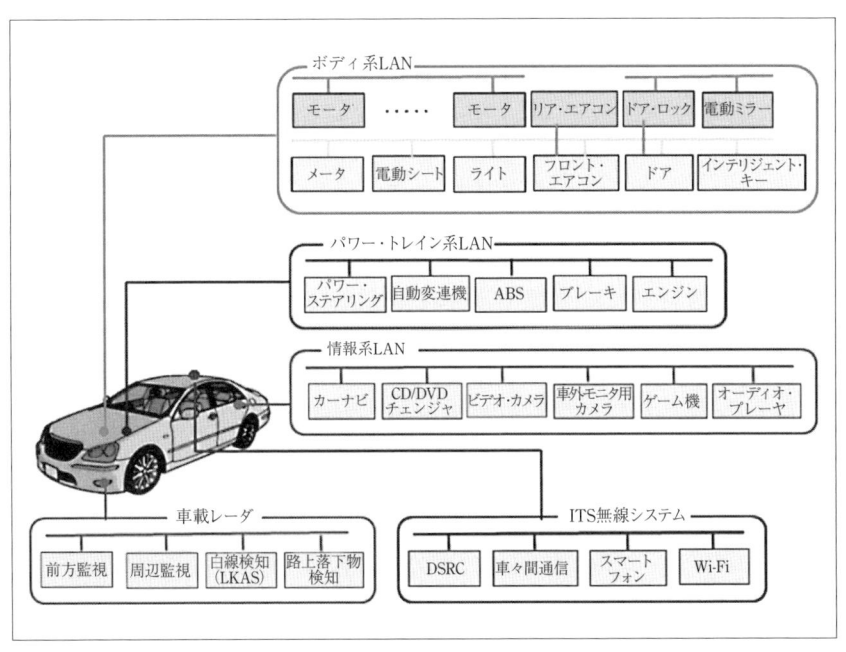

〔図 2-1〕自動車を取り巻く電波環境

端末との相互接続も可能となる。しかし車内では UWB 無線の直接伝送路（LOS）が乗客の体やシートなどによって遮断されることが多く、その影響についてはこれまで報告されていない。

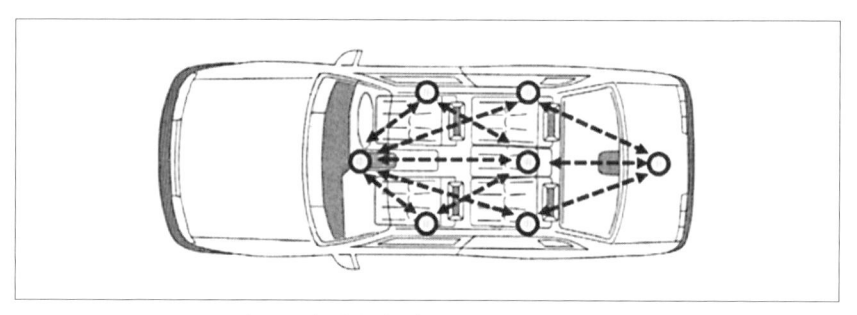

〔図 2-2〕車載無線ネットワークの例

3．無線ハーネスと干渉

3－1　UWB 技術

　UWB 無線で使用する帯域幅は 3.1 ～ 10.6GHz（米国）の 7.5GHz であり、図 2-3 に示すように従来方式の数百 kHz や Wi-Fi の 20MHz に比べてかなり広い。このため他の無線システムへの与干渉を考慮して送信出力は Wi-Fi や携帯電話と比べてもかなり低く、TV や PC 等の電子機器が放出する雑音レベル以下である－41.3dBm/MHz に制限されている。また無線方式としては、インパルスや MB-OFDM（以上、通信方式）、FM-CW、チャープ、ステップド FM（以上、レーダ方式）などがある。

　しかしこの帯域は他の無線システムと共有するため少なからず与干渉・被干渉問題が生じる。例えば、日本では 3.4 ～ 4.8GHz（ローバンド）と 7.25 ～ 10.25GHz（ハイバンド）の 2 つの帯域が利用可能であるが、ローバンドでは次世代携帯電話サービスへの影響を懸念し、干渉検出と回避を行う干渉検知・回避機能（DAA：Detect and Avoid）が義務付けられている[9]。具体的には、DAA を具備している場合には送信出力は－41.3dBm/MHz 以下であり、具備していない場合には－70dBm/MHz 以下に制限される。なお、－70dBm/MHz 以下の送信出力は計測器であっても観測することが比較的難しく、DAA の導入が実質的に条件となっている。このため世界的傾向としても DAA 機能の導入が UWB 無線

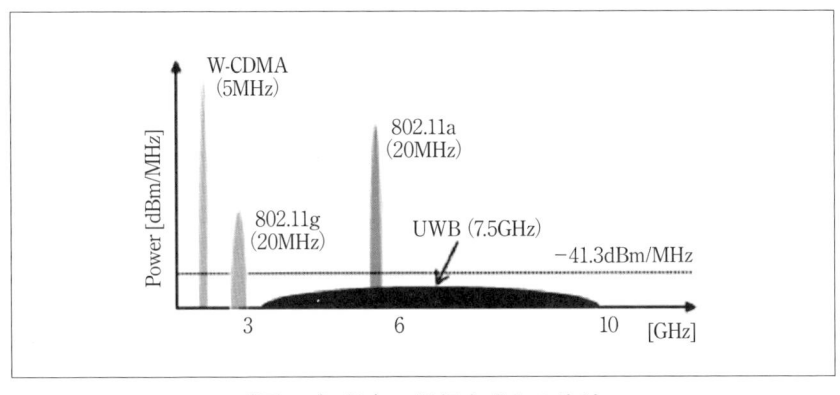

〔図 2-3〕既存の通信方式との比較

の課題の1つといえる。

3－2　無線ハーネスによる車内伝搬特性

　無線ハーネスの実現性を検討するために図2-4のようにセダン車（1.69×4.34×1.38m³）内にAP1～AP4を設置して車内伝搬特性について計測した。ここで周波数帯域幅は3GHz（ハイバンド）で指向性アンテナ（垂直偏波）の3dBビーム幅は60°である。また窓は全て閉めており、AP1の高さHは60cm（窓より10cm下）と固定し、AP2とAP3のHは60cmと80cm（窓より10cm上）について検討した。なお、耐マルチパス特性については遅延スプレッドで評価した。

［車内の伝搬特性］

　室内が無人および乗客4人におけるAP1-AP2間のLOS伝送路の帯域特性を図2-5に示す。LOSが存在するにも拘らず10dB以上の鋭い落ち込み（ディップ）が頻繁に発生し、全帯域で激しい選択性フェージングを引き起こしている。一方、4人の乗客の場合ではマルチパスの数が減り、小さなディップが減っている。これはAP1からのパスが乗客の体によって散乱し（信号エネルギーが損失し）、フェージングを引き起こすマルチパスの影響が緩和されているためである。なお、APの位置や乗客数によってディップも変化することを確認している。次にAP1-AP3間とAP1-AP4間のNLOS伝送路の帯域特性を図2-6と図2-7に示す。AP1-AP3間（無人）ではAP1-AP2に比べて全帯域に亘ってディップが大きい。また4人の乗客の場合では小さなディップは減っているが全帯域

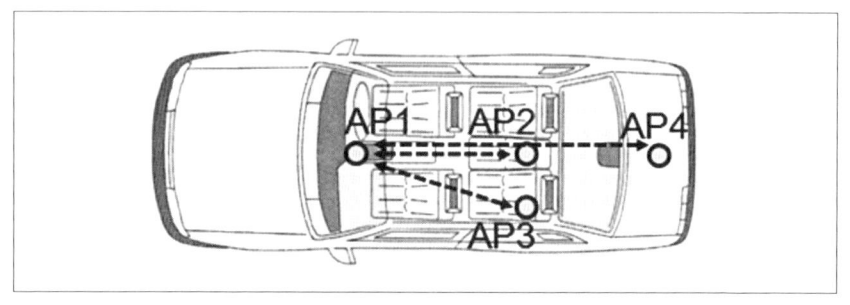

〔図2-4〕無線ハーネスの実験シナリオ

に亘って電力スペクトルが小さい。これは左側ドア付近からの（経路長が短い）反射パスが助手席の乗客によって遮断されたためであり、伝搬損も大きくなっていると考えられる。次に AP1-AP4 間では LOS がトランクとの壁面（複合材）で遮断されているためフェージングが厳しく、平均伝搬損も大きいことを確認している。

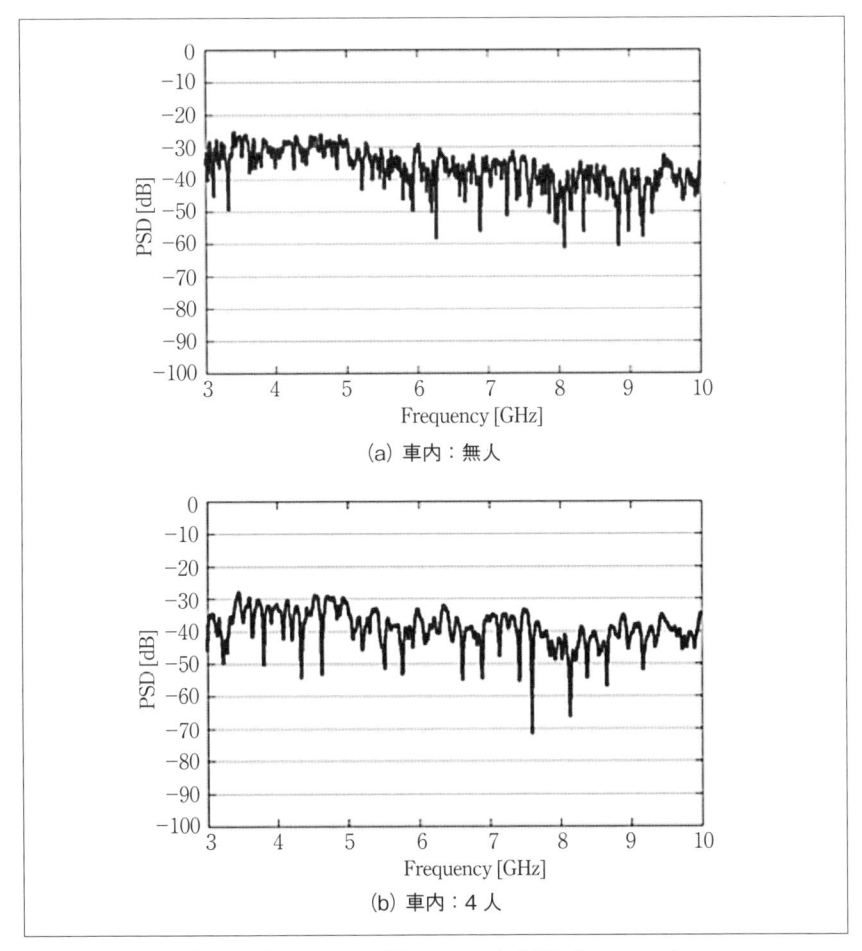

(a) 車内：無人

(b) 車内：4 人

〔図 2-5〕AP1-AP2 間の LOS 伝送路（H=60cm）

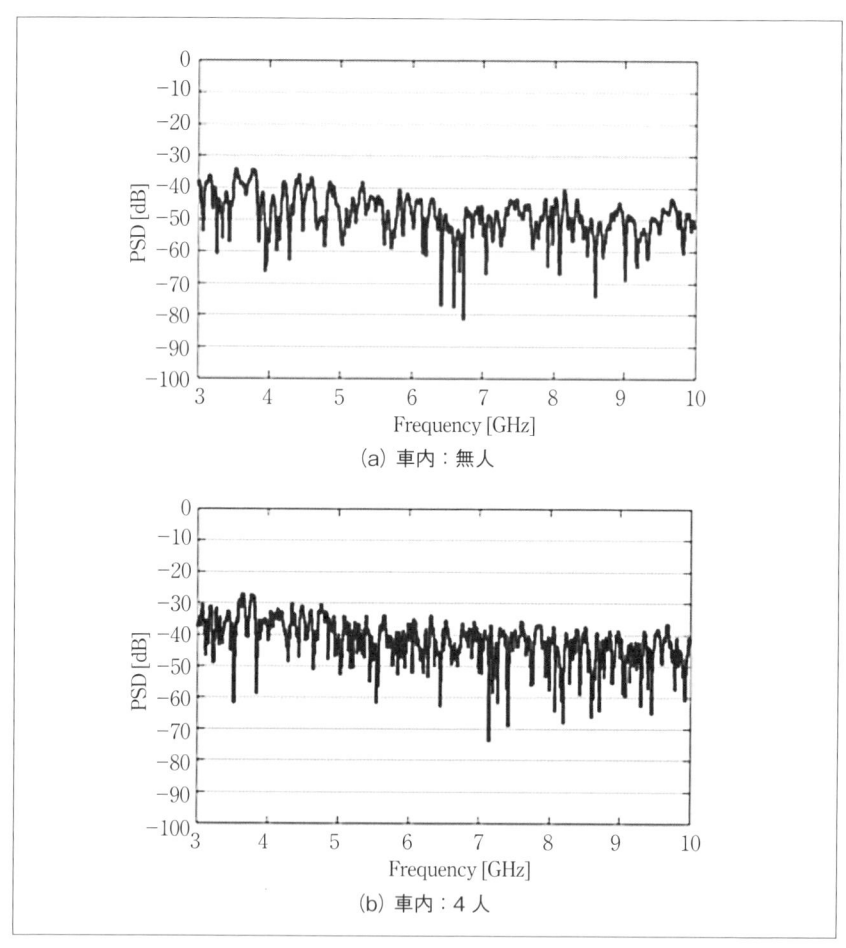

〔図2-6〕AP1-AP3 間の LOS 伝送路（H=60cm）

[乗客数と遅延スプレッド特性]

　AP1-AP2 と AP1-AP3 間の伝送路についての電力遅延プロファイル（各マルチパスの伝搬遅延時間に対する信号電力の分布）を図2-8 および2-9 に示す。AP1-AP2 間では経路長が 9m 以上のマルチパスは4人の乗客の体によって散乱・減衰され、15m 以上ではノイズフロアによって具体的なパスは視認できない。また AP1-AP3 間（無人）では AP1-AP2 と比較

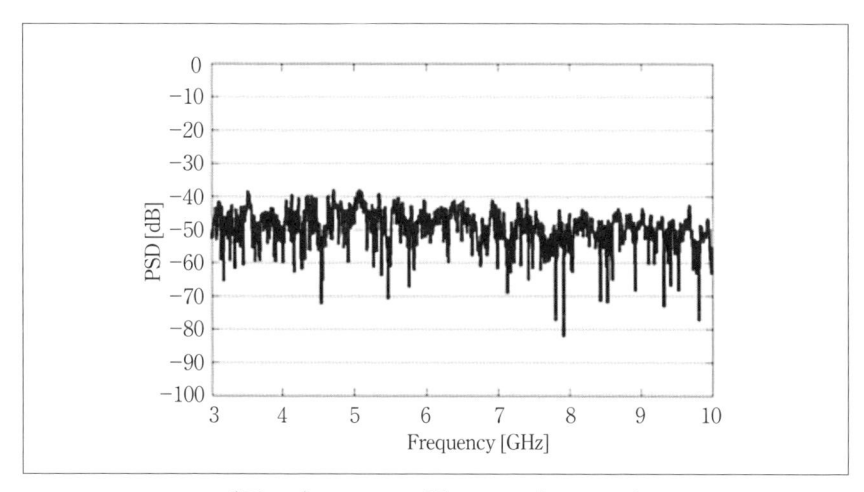

〔図 2-7〕AP1-AP4 間の NLO（H=60cm）

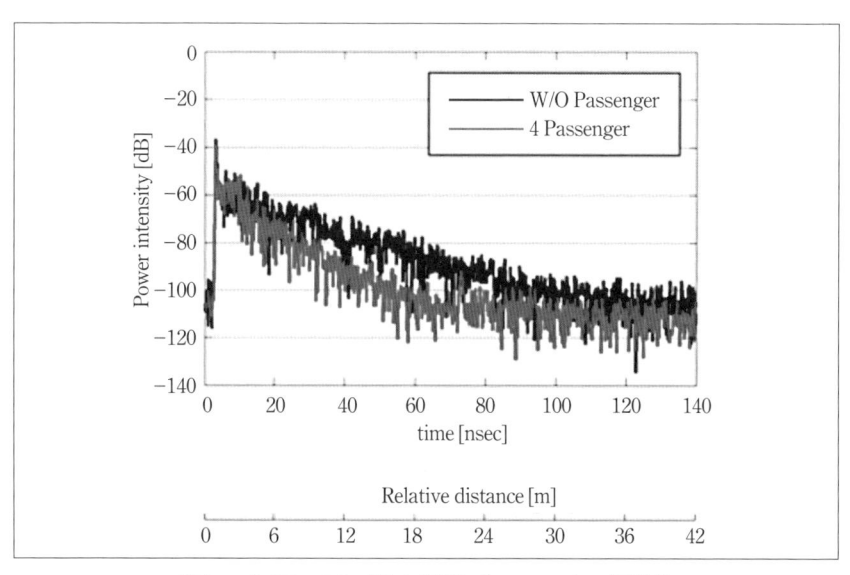

〔図 2-8〕AP1-AP2 間の遅延プロファイル伝送路

して直接波は助手席シートによって 10dB 以上抑圧されているがそれ以外のパスは AP1-AP2 と大きな違いは見られない。しかし乗客がいる場合には無人の場合と比較して経路長が 3m 以下のパスが減衰している。

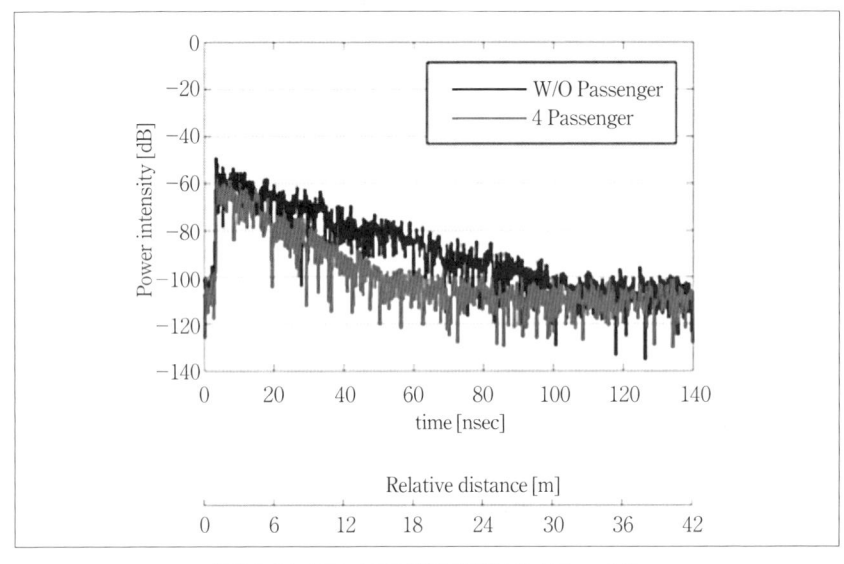

〔図 2-9〕AP1-AP3 間の遅延プロファイル

　これは経路長が短いパスが助手席の乗客によって遮断されるためである。
　乗客数に応じた車内の通信伝送路状況の指標である遅延スプレッド
を乗客数ごとに測定し、定量的に検討する。乗客数を 1～4 人と増加さ
せた場合の AP1-AP2 と AP1-AP3 間の遅延スプレッドを図 2-10 および
2-11 に示す。なお、乗客は運転席から後部座席へ順に座った。また参考
のためにアンテナの高さを H＝80cm に設定したときの遅延スプレッド
も示している。図 2-10 から車内が無人では遅延スプレッドの値は約
17nsec であるが乗客が増えると共に減少し、4 人の乗客では約 9nsec と
大きく減少している。これは上述したようにマルチパスが乗客の体によ
って遮断および散乱されたために遅延スプレッドが小さくなっているか
らである。また AP1-AP3 間の遅延スプレッドは約 10～18nsec であり、
AP1-AP2 と同様に乗客数と共 に遅延スプレッドは減少している。しか
し、AP1-AP3 と比較して 3 人までの乗客に対する減少傾向は小さくな
っている。以上より、乗客数により異なるが遅延スプレッドは 9～
17nsec で 10Msps の通信が期待できる。

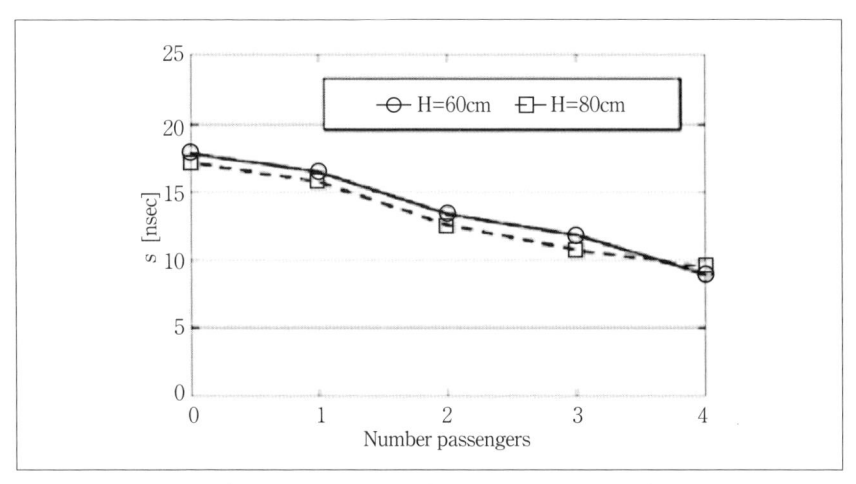

〔図 2-10〕AP1-AP2 間の乗客数に対する遅延スプレッド

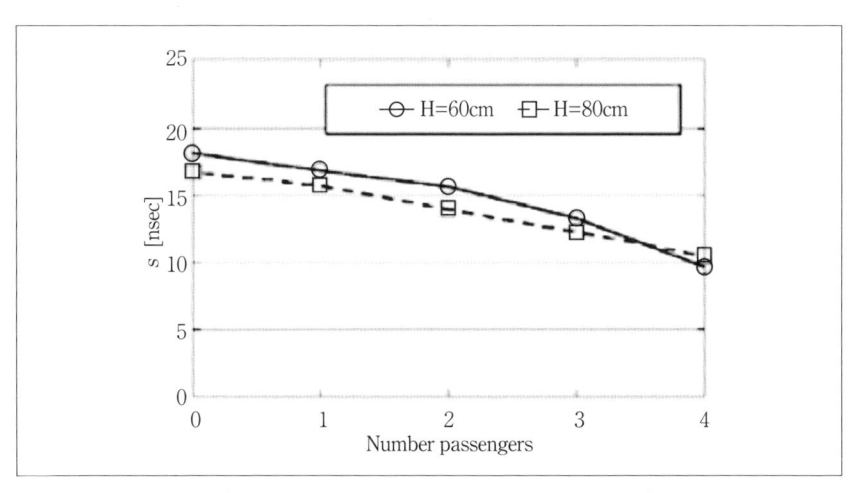

〔図 2-11〕AP1-AP3 間の乗客数に対する遅延スプレッド

4．車外への漏洩

　車内の電波がどのように車外へ漏洩しているか検討する。なお、AP
を送信源とし運転席にのみ人が座っており、車外の受信アンテナは地面
から高さ $Ho = 80cm$ と $100cm$ について計測した。また AP に使用した無
指向性および指向性アンテナについて 1m 離れた地点の受信電力はそれ
ぞれ $-49dBm$、$38dBm$ である。図 2-12、2-13 は無指向性アンテナの AP
に対する車外への漏洩電力分布である。車両の横方向や前方向に強い電
波が放出されているが、これは自動車の窓がある部分であり、ピラーが

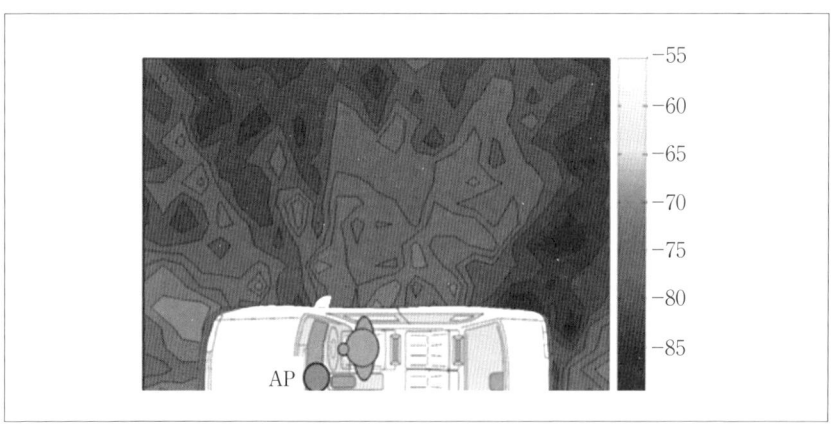

〔図 2-12〕車外への漏洩電力分布（AP：無指向性、Ho=80cm）

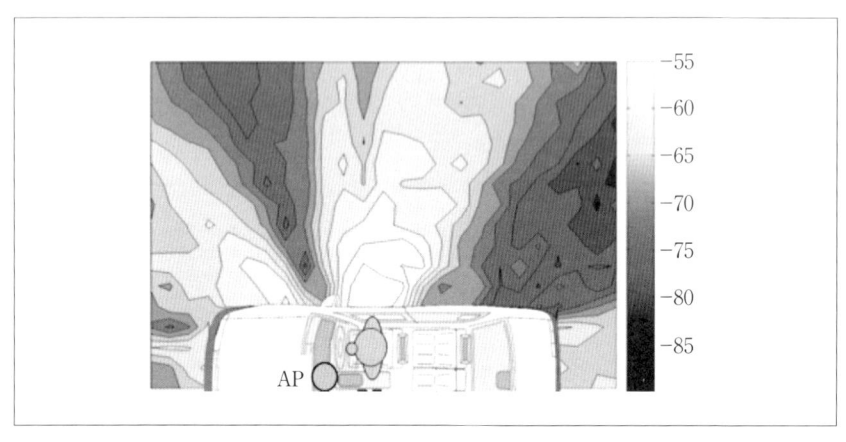

〔図 2-13〕車外への漏洩電力分布（AP：無指向性、Ho=100cm）

ある車両の斜め前方や斜め後方では漏洩電力が小さくなっている。また Ho=80cm では車両から 1.5m 付近まで LOS が存在し、それより遠方でも回折損が小さいので Ho=60cm と比較して 漏洩が大きくなっている。例えば、Ho=80cm では AP から横に 3m 離れた場所で約 60dB の減衰に対し、Ho=60cm では約 80dB の減衰であり、その差は約 20dB である。また運転席の人体によって横方向の広範囲に亘り散乱しているが後方には強く放射されていない。次に AP に指向性アンテナを用いた場合の車外受信電力分布を図 2-14、2-15 に示す。図 2-14、2-15 からアンテナの指

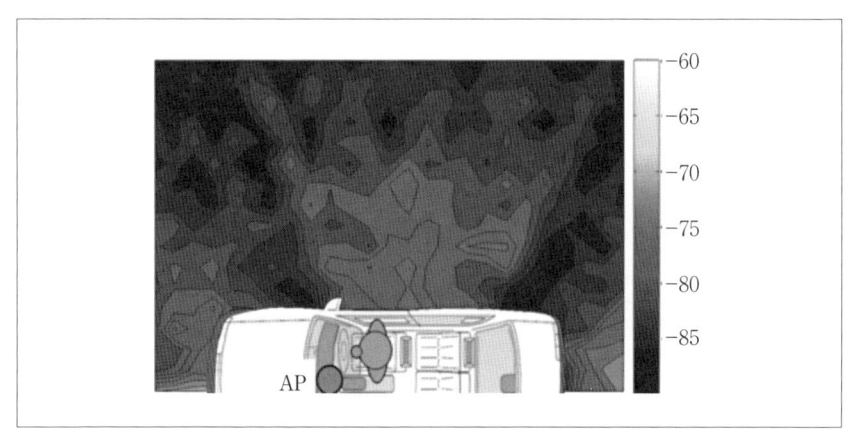

〔図 2-14〕車外への漏洩電力分布（AP：指向性、Ho=80cm）

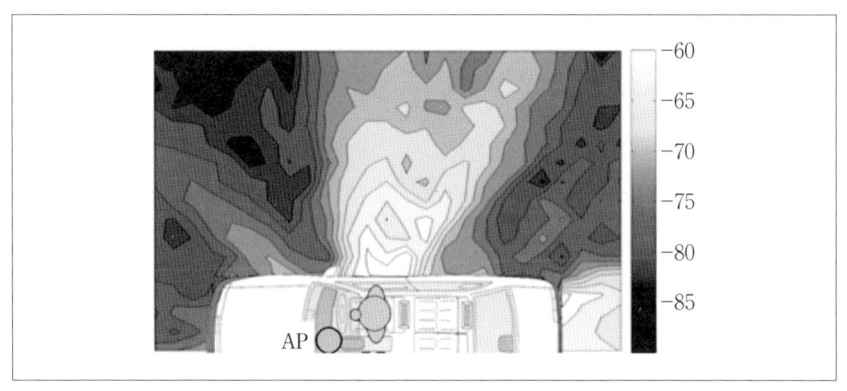

〔図 2-15〕車外への漏洩電力分布（AP：無指向性、Ho=100cm）

向性により車外への漏洩はかなり抑えられているが Ho＝80cm では斜め横および後方では図 2-12、2-13 と同様な傾向を示している。なお、車両前方に放射が見られるがこれは AP から放射された電波が運転席の人体によって散乱されたものと考えられる。また Ho＝60cm では回折損も増え、車外への漏洩は小さいことがわかる。以上より窓からの漏洩は大きく、AP を窓より低い位置に設置することにより漏洩を減らし、与干渉および被干渉を改善することが可能である。

5. まとめ

　車内は金属と窓で囲まれた狭い閉空間であり、乗客などにより複雑な無線伝送路を形成している。また車内の電波は車外へ放射され、他の車両に影響を与える可能性が考えられる。

　本章では車内広帯域伝送特性について検討した。その結果、遅延スプレッドは乗客数とともに減少し、また直接波が座席シートなどで遮断されても遅延スプレッドへの影響は比較的小さいことを確認した。次に送受信アンテナの高さなどによって異なるが窓からの車外漏洩は大きく、送信アンテナを窓より低い位置に設置することにより漏洩を減らし、与干渉および被干渉を改善することが可能である。

第3章

自動車のAMラジオノイズの把握
車両におけるラジオノイズ源の可視化技術

あらまし

　本章では、複雑な形状を持つ車体面を流れるAMラジオ帯（535-1605kHz）の誘導電流源の位置を特定する計測手法について紹介する。金属面上に近接するハーネスからの不要放射の位置推定を想定し、AMラジオ帯の複数のコヒーレント波源によって誘導される電流分布が、逆伝搬問題によって可視化できることを示す。逆伝搬問題は一般に不良条件問題なので、Tikhonov 正則化によって不良条件を回避する。逆伝搬問題では、測定データの数は推定データの数より大きくとることが望ましい。そこで、メッシュで表した車体モデルを計測データ数程度にデフォルメして電流分布を推定する。デフォルメした形状でも、放射源によって誘導される強い電流源の位置を正確に推定できる。

1．はじめに

　環境保護、省エネルギーのため、ハイブリッド自動車や電気自動車の普及が進んでいる。これらの自動車の動力源にはモータが使われ、モータのエネルギー源は電池に蓄えられている。電池から取り出せる電源は直流で、モータを効率よく制御して動作させるには直流を交流に変換するインバータが必要となる。インバータはスイッチングによって直流を交流に変換するため電磁ノイズを発生する。発生したノイズはハーネス等によって伝搬し、車両内外のさまざまな部分から放射され、さまざまな電子機器に電磁干渉を引き起こす。特に、ほとんどの自動車に装備されている AM ラジオへの電磁干渉の対策は、自動車メーカの技術者にとって避けられない課題となっている。不要放射の様子は車種ごとに異なり、同じ車種でも仕様が異なると変化するので、対策には多大な労力が必要となる。

　電磁干渉は、不要放射源の位置を特定し、その部分に電磁シールドを施すことによって解決される。不要放射源の位置の特定は、電磁プローブとスペクトラムアナライザを用いて人手によって行われるが、自動車にはダッシュボードの中や座席の下など、プローブが近づけない場所が多々存在し、このような場所にある不要放射源の位置を推定する技術が求められている。

　放射源から離れた位置での電磁界の観測データをもとに、仮想平面や金属面上の電流分布を推定する方法として、逆伝搬問題を用いる方法がある [10, 11]。これまでの研究では、測定面で得られる信号の位相が測定点の移動により十分変化することを前提としており、AM ラジオ帯のような波長の長い信号を扱う場合、測定規模が非常に大きくなって、現実の測定系で扱うことが難しい。近傍界の観測データを使って複数の波源の位置を推定する方法として MUSIC [12] や ESPRIT を SAGE に拡張 [13] した超分解技術の適用も提案されているが、非コヒーレントの波源の推定に留まっている。不要放射は、ハーネスの複数の箇所から発生する可能性があり、これらの超分解技術は適用できない。複数のアンテナからの放射のパッシブイメージング法も提案されている [14] が、我々の検討では

AM 帯への適用は困難であった。

　本章では、複雑な 3 次元形状を持つ車体上を流れる AM ラジオ帯
(535-1605kHz) の電流源の位置を特定するため、逆伝搬問題を用いた計
測手法について解説する。最初に、金属面上に近接するハーネスからの
不要放射源の位置が、金属面上を流れる電流源の位置によく一致するこ
とを計算機シミュレーションによって示す。次に Tikhonov 正則化を用
いた逆伝搬問題について説明し、AM ラジオ帯の複数のコヒーレント波
源によって誘導される電流分布が、逆問題によって可視化できることを、
実験結果を使って説明する [15]。逆伝搬問題では測定データの数を推定す
る電流源の数より大きくとることが必要である。そこで、車体の CAD
データ上のモデルのメッシュを計測データ数程度に統合し、構造をデ
フォルメして電流分布を推定することにする。デフォルメしても、放射
源によって誘導される強い電流源の位置を正確に推定できることを、計
算機シミュレーションによって示す。

2．ハーネスから放射される不要放射と誘導電流

　図 3-1 は自動車の助手席フロア上にある単線に 1MHz の信号を加えた時の磁界分布を、電磁界解析ソフトウェア HFSS でシミュレーションした結果である。内部抵抗 50Ω の電圧源を単線の一方に接続し、反対側を開放した。放射電磁界は電圧源を接続した入力付近で強くなっている。これは、入力インピーダンスが−0.008−j163000Ω と電源の内部抵抗 50Ω と著しく異なり、入力端で強く反射しているためである。図 3-2 はフロア上の電流分布を表しており、電圧源の接続点付近で強い誘導電流が発生していることがわかる。このことから、自動車のボディに沿ったハーネスからの電磁界の放射位置は、ボディ上の電流分布を推定できれば特定できることがわかる。

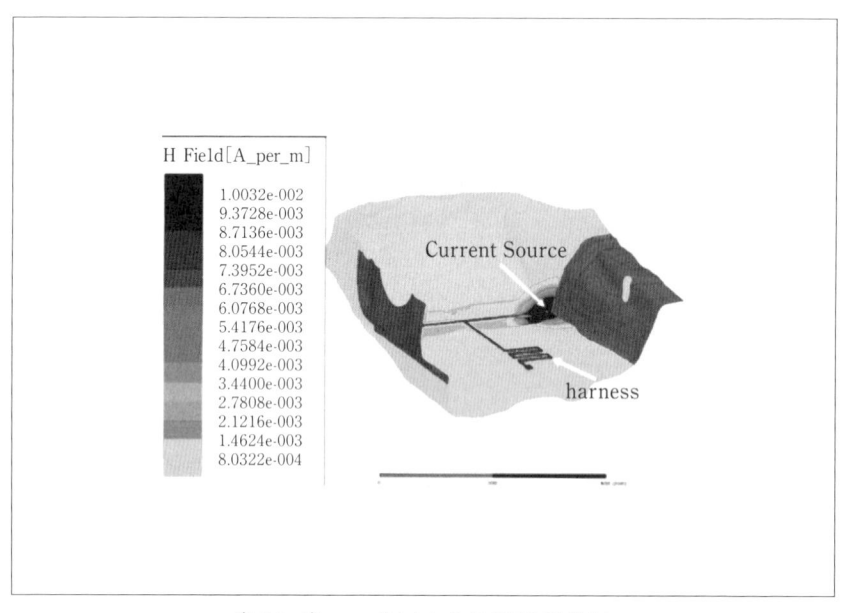

〔図 3-1〕ハーネスからの電磁界放射

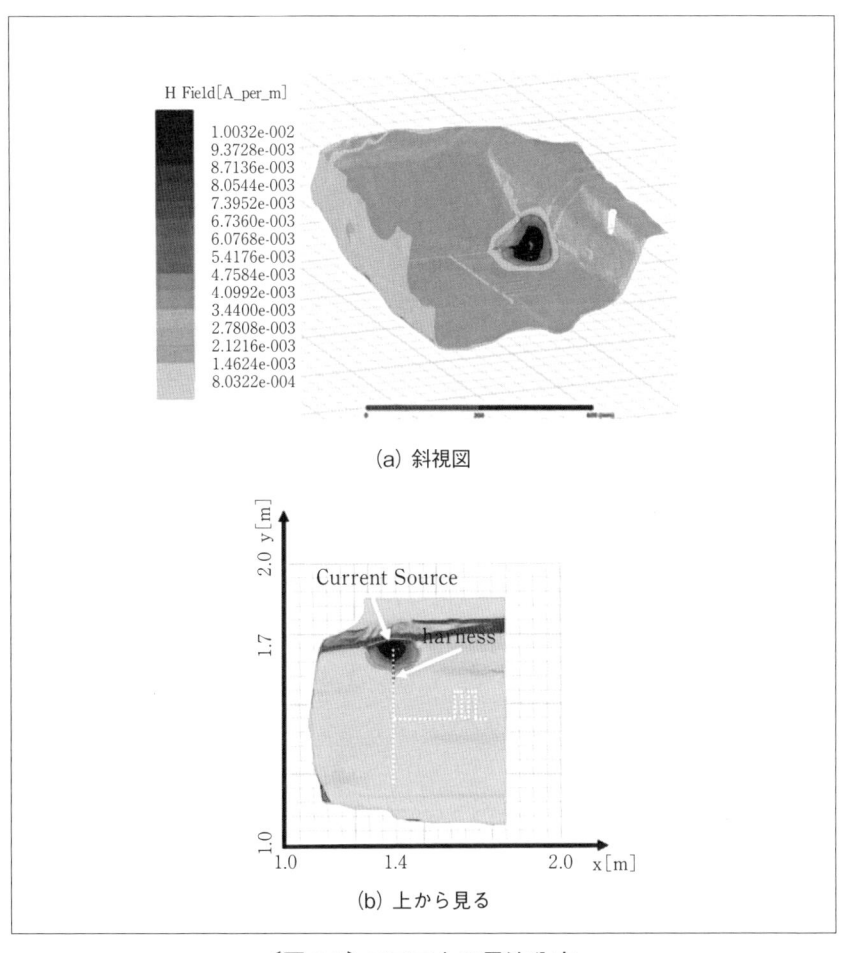

H Field[A_per_m]

1.0032e-002
9.3728e-003
8.7136e-003
8.0544e-003
7.3952e-003
6.7360e-003
6.0768e-003
5.4176e-003
4.7584e-003
4.0992e-003
3.4400e-003
2.7808e-003
2.1216e-003
1.4624e-003
8.0322e-004

(a) 斜視図

Current Source

harness

(b) 上から見る

〔図 3-2〕 フロア上の電流分布

3．計測アルゴリズム

3－1　逆問題による放射電流源分布の推定

　近傍磁界は磁性体以外界に影響を及ぼさず、プラスチック製のダッシュボードなどの影響は小さいと考えられる。このことから、本節では近傍磁界を測定して不要放射を引き起こす電流源の位置推定を行うことにする。

　有限の広がりをもつ波源から放射される磁界は、次の積分方程式によって記述できる。

$$H(\boldsymbol{r'}) = \frac{1}{4\pi}\int_V \left[\boldsymbol{J}(\boldsymbol{r}) \times \nabla\left(\frac{e^{-jkR}}{R}\right)\right] dv \quad \cdots\cdots\cdots\cdots\cdots\cdots\cdots \quad (3\text{-}1)$$

ここで、$\boldsymbol{r'}$ は波源外の任意の点の位置ベクトル、$H(\boldsymbol{r'})$ は位置ベクトル $\boldsymbol{r'}$ における磁界、$\boldsymbol{J}(\boldsymbol{r})$ は波源の電流密度、$\boldsymbol{r}$ は波源の位置ベクトル、V は波源の体積、j は虚数単位、$R = |\boldsymbol{r'} - \boldsymbol{r}|$、$\kappa = \omega/c$、$\omega$ は電磁界の角周波数、c は自由空間での光速である。図3-3に解析モデルを示す。

　図3-3において $\boldsymbol{m}$ 番目の測定点の位置ベクトル $\boldsymbol{r'}_m$、その点の磁界を

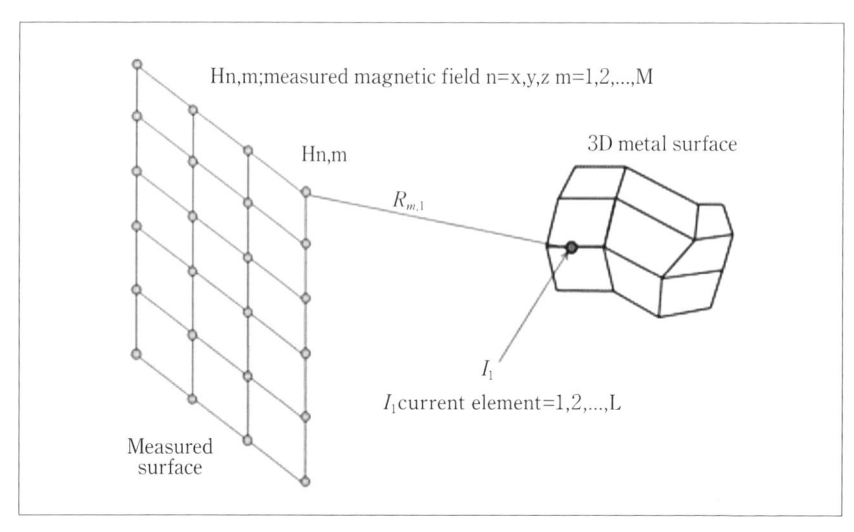

〔図3-3〕解析モデル

$H(r'_m)$、対象とする推定面の g 番目の格子点の位置ベクトルを r_l、表面電流密度を $K(r)$ と書く。$\varDelta S$ を $K(r)$ が流れる面積要素、$R_{m,l}=|r'_m-r_l|$、$e^{-jkRm,l}/R_{m,l}$ を記号 $\phi_{m,l}$ で記し、その勾配を $\nabla\phi_{m,l}$ で表し、式 (3-1) を離散化した式 (3-2) を得る。

$$H_m(r')=\frac{1}{4\pi}\sum_{l=1}^{L}K(r_l)\times\nabla\phi_{m,l}\cdot\Delta S \quad\cdots\cdots\cdots\cdots\cdots\cdots\cdots (3\text{-}2)$$

測定点の総数を M とすると、M 個の式 (3-2) が得られる。各測定点に磁界の直交 3 成分があるので、3M 個の連立方程式が作られる。解析面上の 1 格子点から隣接格子点に向けて流れる電流の値を、各格子点間の電流要素と定義し、その総数を L(L<M)、その長さを x_1, y_1, z_1 とする。こうして得た連立方程式を行列で表わすと次のようになる。

$$\hat{H}=A\hat{J} \quad\cdots\cdots\cdots\cdots\cdots\cdots\cdots\cdots (3\text{-}3)$$

$\hat{H}$ と $\hat{J}$ は次のベクトルである.

$$\hat{H}^t=[H_{x,1}H_{y,1}H_{z,1}\cdots H_{x,m}\cdots H_{z,M}] \quad\cdots\cdots\cdots\cdots\cdots\cdots (3\text{-}4)$$

$$\hat{J^t}=[J_1J_2J_3\cdots J_l\cdots J_L] \quad\cdots\cdots\cdots\cdots\cdots\cdots (3\text{-}5)$$

行列 A は次の行列である。

$$A=\begin{bmatrix} A_{x,1,1} & A_{x,1,2} & \cdots & \cdots & \cdots & \cdots & A_{x,1,L} \\ A_{y,1,1} & A_{y,1,2} & \cdots & \cdots & \cdots & \cdots & A_{y,1,L} \\ A_{z,1,1} & A_{z,1,2} & \cdots & \cdots & \cdots & \cdots & A_{z,1L} \\ A_{x,2,1} & A_{x,2,2} & \cdots & \cdots & \cdots & \cdots & A_{x,2L} \\ \cdots & \cdots & \cdots & \cdots & \cdots & \cdots & \cdots \\ A_{x,m,1} & \cdots & \cdots & \cdots & A_{x,m,l} & \cdots & A_{x,m,L} \\ \cdots & \cdots & \cdots & \cdots & \cdots & \cdots & \cdots \\ A_{z,M,1} & \cdots & \cdots & \cdots & A_{z,M,l} & \cdots & A_{z,M,L} \end{bmatrix} \quad\cdots\cdots\cdots\cdots (3\text{-}6)$$

行列 A の各要素は以下の式で表される。

$$A_{x,m,l} = -\frac{1}{4\pi}(\nabla\phi_{z,m,l} \cdot y_l - \nabla\phi_{y,m,l} \cdot z_l) \quad \cdots\cdots\cdots\cdots\cdots\cdots\cdots\cdots \quad (3\text{-}7)$$

$$A_{y,m,l} = -\frac{1}{4\pi}(\nabla\phi_{x,m,l} \cdot z_l - \nabla\phi_{z,m,l} \cdot x_l) \quad \cdots\cdots\cdots\cdots\cdots\cdots\cdots\cdots \quad (3\text{-}8)$$

$$A_{z,m,l} = -\frac{1}{4\pi}(\nabla\phi_{y,m,l} \cdot x_l - \nabla\phi_{x,m,l} \cdot y_l) \quad \cdots\cdots\cdots\cdots\cdots\cdots\cdots\cdots \quad (3\text{-}9)$$

$\nabla\phi_{x,m,l}, \nabla\phi_{y,m,l}, \nabla\phi_{z,m,l}$ はベクトル $\nabla\phi_{m,l}$ の3つの直交成分であり、$\nabla\phi_{m,l}$ は e^{-jkR}/R の勾配で、次の式で表される。

$$\nabla\phi_{m,l} = \left[\left(\frac{1}{R^2} - \frac{i\kappa}{R}\right) \cdot e^{ikR}\right] \cdot \frac{|\boldsymbol{r}'-\boldsymbol{r}|}{R} \quad \cdots\cdots\cdots\cdots\cdots\cdots \quad (3\text{-}10)$$

R は測定点 m と電流要素 l 間の距離である。各格子点間の電流要素は、式 (3-3) から次のように求められる。

$$\hat{\boldsymbol{J}} = (\boldsymbol{A}^*\boldsymbol{A})^{-1}\boldsymbol{A}^*\boldsymbol{H} \quad \cdots\cdots\cdots\cdots\cdots\cdots\cdots\cdots\cdots\cdots\cdots\cdots \quad (3\text{-}11)$$

3－2　Tikhonov の正則化

　観測面の大きさと、測定対象との距離が波長に対し著しく小さい AM ラジオ帯を扱う場合、前節の方程式 (3-3) は悪条件問題となり、式 (3-11) の逆行列を正確に求めることができない、この問題を改善する方法として Tikhonov の正則化が知られている [16]。Tikhonov の正則化では、式 (3-11) を直接解くのではなく、問題を式 (3-12) のような正則化項を加えた最小化問題に置き換える。

$$\min\|\boldsymbol{AJ}-\boldsymbol{H}\|^2 + \lambda^2\|\boldsymbol{J}\|^2 \quad \cdots\cdots\cdots\cdots\cdots\cdots\cdots\cdots\cdots \quad (3\text{-}12)$$

ここで、λ は正則化係数で、これを定める手法として L カーブ法 [17] が知られている。

　L カーブ法では、正則化係数 λ の値を $[0, \infty]$ 内で適当に定め，与えられた λ に関して式 (3-12) を最小化する。このとき、異なる m 個の正則化係数 λ_m に対して、m 個の残差項 $\|\boldsymbol{AJ}_m - \boldsymbol{H}\|$ と正則項 $\|\boldsymbol{J}_m\|$ が得られる。得られた残差項と正則項を二次元座標平面上にプロットし、これ

らの点を補間していくと図3-4のような曲線が描かれる。この曲線がL
カーブで、λ を0に近づけると、残差は小さくなるが解のノルムが発散
する。逆に λ に大きな値を採用すると、解のノルムは小さく抑えられ
るが残差が大きくなる。両者の均衡をとるため、曲線のコーナー付近の
λ_m を最適な正則化係数 λ として選ぶ。

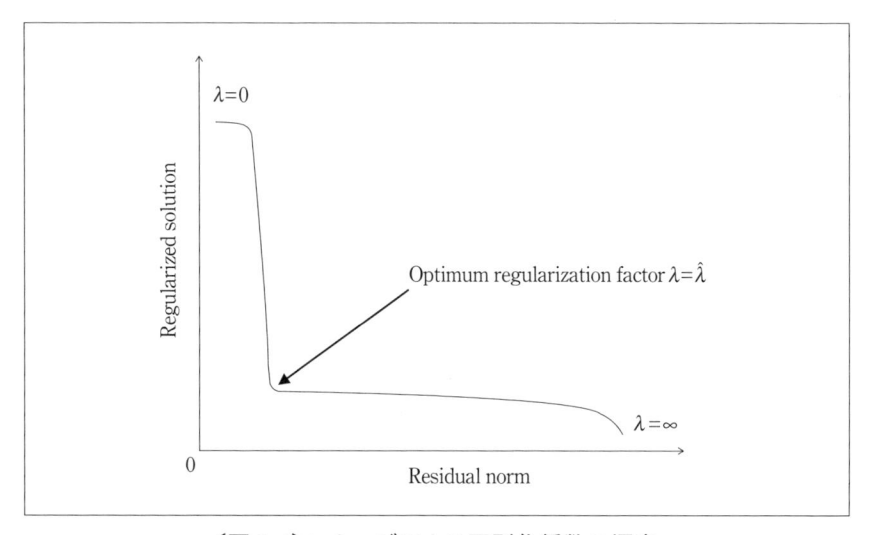

〔図3-4〕L カーブによる正則化係数の探索

4．コヒーレント信号源の分離

　ハーネスからは、同じ信号が複数個所から放射されると考えられる。したがって、複数のコヒーレント信号源を分離・識別できる測定システムが求められる。3節で説明した測定法が AM ラジオ帯の複数のコヒーレント信号源を分離識別する能力があることを実験によって確認する。

4－1　実験システム

　実験システムを図 3-5 に示す。先端の内導体を露出させた 2 つの同軸ケーブルを 0.55m × 0.64m の大きさのアルミ板上に 30cm ほど離して貼り付けて固定した。内導体とアルミ板間に導通はない。信号発生器で発生した 850kHz の出力 0dBm の CW 波を 2 分岐して同軸ケーブルに供給した。磁界の x、y、および z 成分は互いに垂直な図 3-6 の 3 つのフェライトコイルによって収集される。

　3 つのフェライトコイル群は xy 平面上の位置を 0.55m × 0.64m の範囲で自由に変えることができる。観測面とアルミ板の距離を 12cm とし、図 3-5 の○に示す 120 の位置で x、y、z 方向の磁界を測定した。測定時

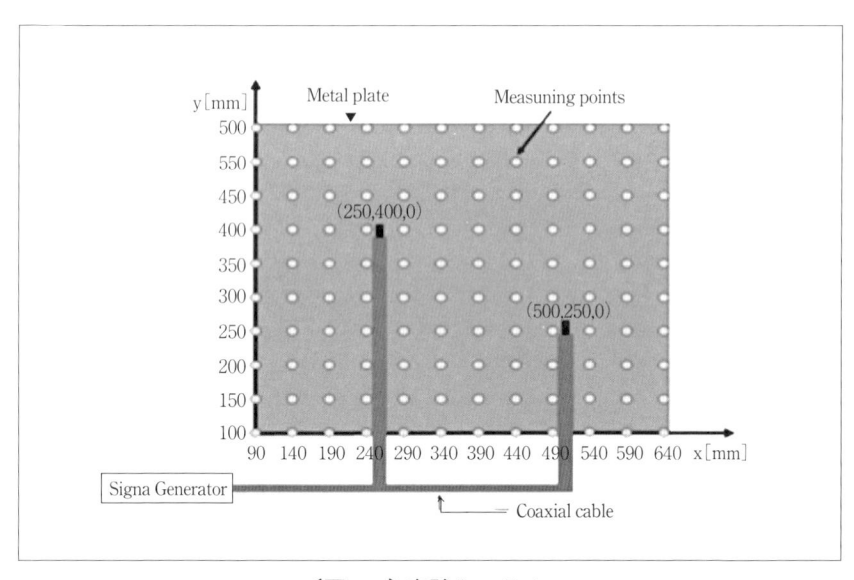

〔図 3-5〕実験システム

の SNR は設定位置と磁界の方向で異なるが、22 〜 29dB の範囲であった。また、設定した磁界方向に対する直交受信成分は−7 〜 −12dB である。測定データはデータロガーによって 1 位置について 3 方向の受信データとその複素振幅計算の基準として用いる信号発生器の出力が同時サンプリングされて記録される。記録したデータの 850kHz 成分の振幅と位相を離散フーリエ変換によって求め、基準信号の振幅と位相によって規格化して式 (3-12) のベクトル H の要素とする。

4−2　実験結果

　4-1 節の実験システムと 3 節の方法を用い、アルミ板に流れる電流分布を推定した。結果を等高線図として図 3-7 に示す。測定の妥当性を確認するため、被覆した磁界ループをアルミ板上において移動させ、スペクトルアナライザで z 方向の磁界分布を測定した結果について濃淡の○で図 3-7 に合わせて示す。

　図 3-7 (a) は Tikhonov 正則化を適用しない場合で、2 つの強い電流分布を分離識別することができない。図 3-7 (b) は Tikhonov 正則化を適用した場合で、2 つの強い電流分布を分離識別することができる。推定位置が磁界プローブの測定結果と 5 ㎝ずれている原因は、式 (3-12) の正

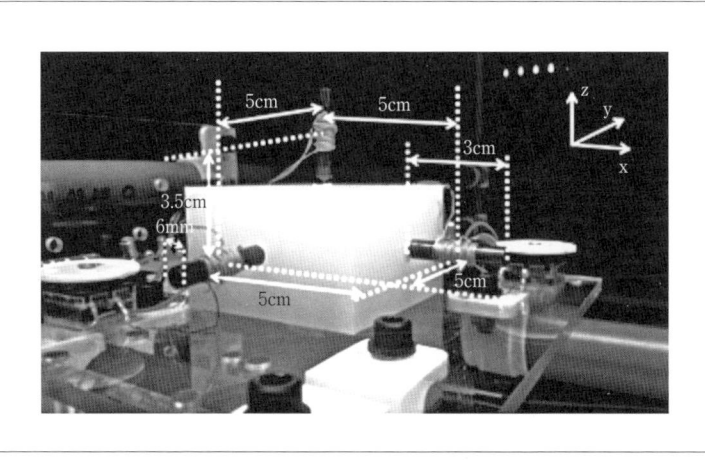

〔図 3-6〕3 つの直交した磁界収集コイル

則化によるものが支配的で。実験誤差（フェライトコイルの位置のずれ、直交成分の漏れ込み、SNR等）の影響は小さい。

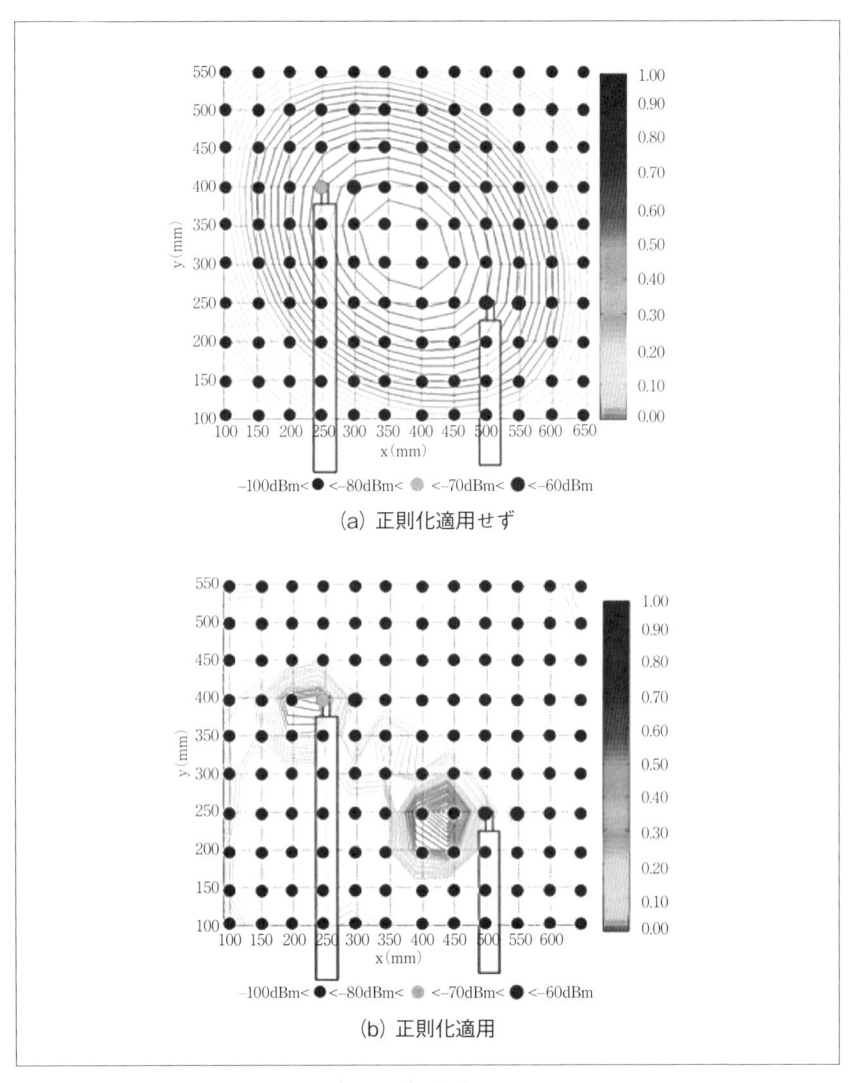

(a) 正則化適用せず

(b) 正則化適用

〔図 3-7〕実験結果

5. 複雑な3次元形状を持つ金属面上を流れる電流分布の推定

　自動車の前席フロア上に放射電流源を設置し、フロア上を流れる電流分布を計算器シミュレーションによって推定した。測定点における磁界は電磁界解析ソフトウェア HFSS により求めた。磁界を求めるシミュレーションでは、フロアの詳細モデルを用い、逆伝搬問題では観測データ数程度にフロア上の電流要素の数を制限するため、CAD ソフトウェアライノセラス [18] と Meshlab [19] を用い、次の手順でメッシュのデフォルメを行った後、電流分布を推定した。

(1) CAD モデルをライノセラスによって stl. ファイルに変換
(2) MeshLab で stl. ファイルのモデルを読み込み、フィルタ機能（Filters > Remeshing, simplification and reconstruction > QuadricEdge Collapse Decimation）を選択し、メッシュ数を指定して簡略化して出力
(3) 簡略化した stl. ファイルのモデルをライノセラスによって ASCII コードとして出力
(4) ASCII コードを Matlab にインポートし、電流分布を推定。

5－1　金属曲面上の微小ダイポール

　ここでは、自動車のフロアを模した金属曲面上に微小ダイポールを設置し、フロア上に流れる電流分布を求める。シミュレーションモデルとシミュレーション条件を図3-8と表3-1に示す。また、デフォルメしたモデルの斜視図と測定面を図3-9に示す。デフォルメにより電流素数は67213 から 97 に減じられている。

　HFSS による磁界放射とフロア上の電流分布のシミュレーション結果を図3-10 に示す。強い磁界はダイポールの周りに発生し、直下のフロアに誘導電流が流れていることがわかる。シミュレーションで得られた測定点における磁界データを用い、測定面の高さを変えて求めた規格化電流分布を図3-11 に示す。図中の白い点は、HFSS によるシミュレーションで最も電流分布の強かった点を表している。提案した計測法によって、ダイポール直下のフロアに強い誘導電流が流れていることが確かめられる。

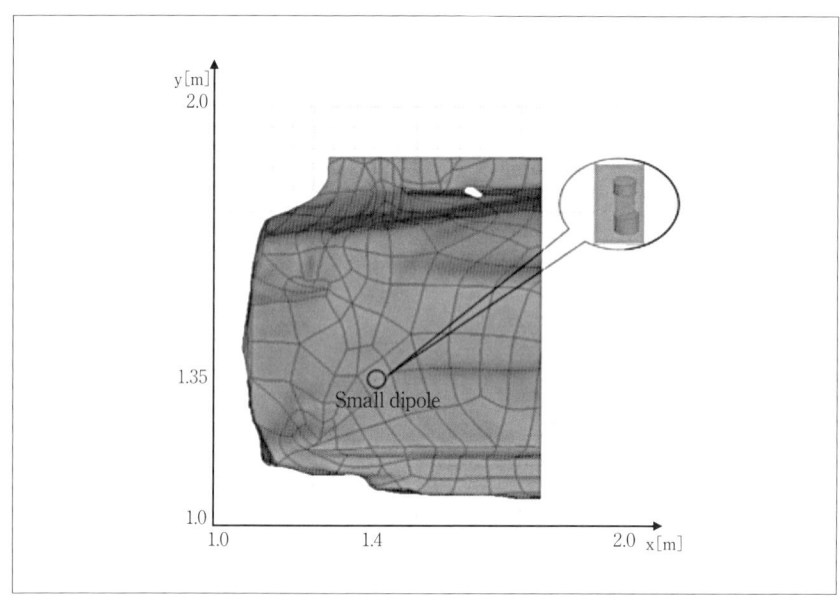

〔図 3-8〕シミュレーションモデル

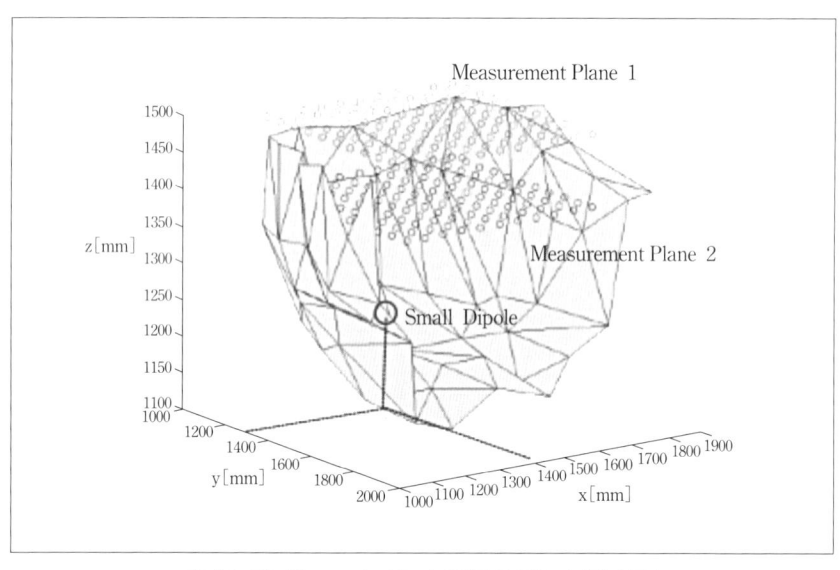

〔図 3-9〕デフォルメした解析モデルと測定面

Frequency [MHz]	1
Position of dipole [m]	(1.4, 1.35, 1.226)
Measurement range [m] (x-direction) (x-direction)	1.15 ~ 1.8 1.15 ~ 1.7
Measurement height [m]	1.4 [m], 1.5 [m]
Measurement Points	121

5－2　金属曲面上のハーネス

　この節では、2 節のように自動車のフロア上に単線を設置したモデル
について電流分布を推定する．ハーネスの高さは 1.3m で図 3-1 に示す
ようにハーネスの上方に電流源を接続している。シミュレーション条件
とデフォルメしたモデルは 5-1 節と同じである。

　磁界放射と金属板上の電流分布は 2 節で示した図 3-1 と 3-2 のとおり
で、強い磁界はハーネスの入り口に設定した電流源の周りに発生してい
る。フロアを流れる電流もハーネスの入り口付近が最も強い。

　シミュレーションで得られた磁界データを用い、紹介した方法で推定
した電流分布を図 3-12 に示す。強い電流密度の位置は図 3-2 と一致して
おり、提案手法の有効性が確認できた。

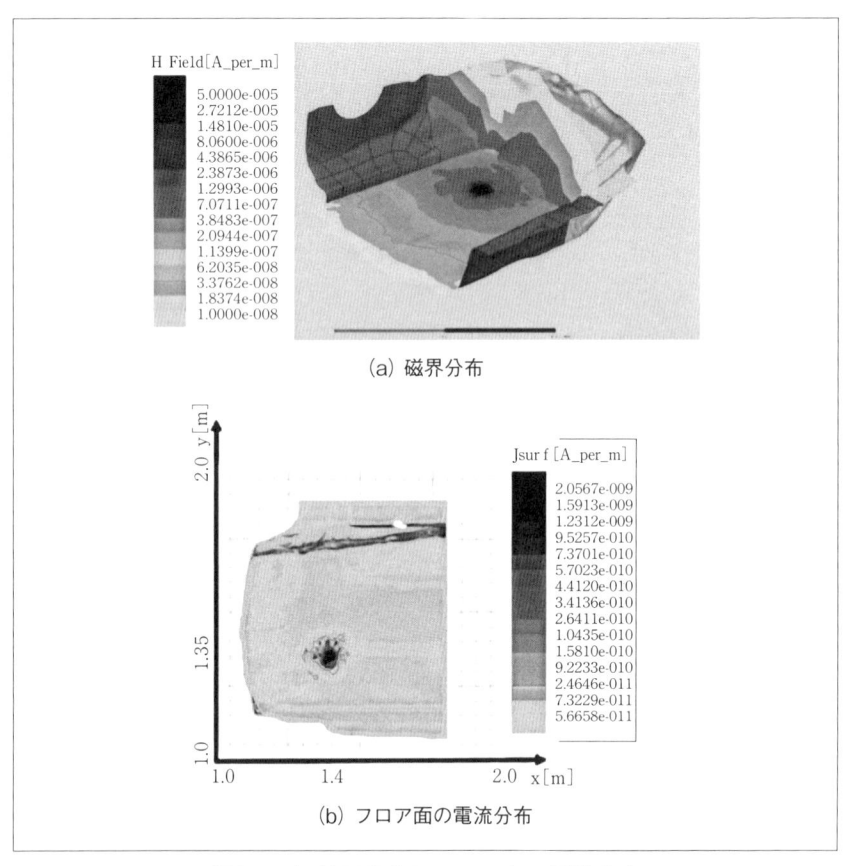

(a) 磁界分布

(b) フロア面の電流分布

〔図 3-10〕磁界分布とフロア上の電流分布

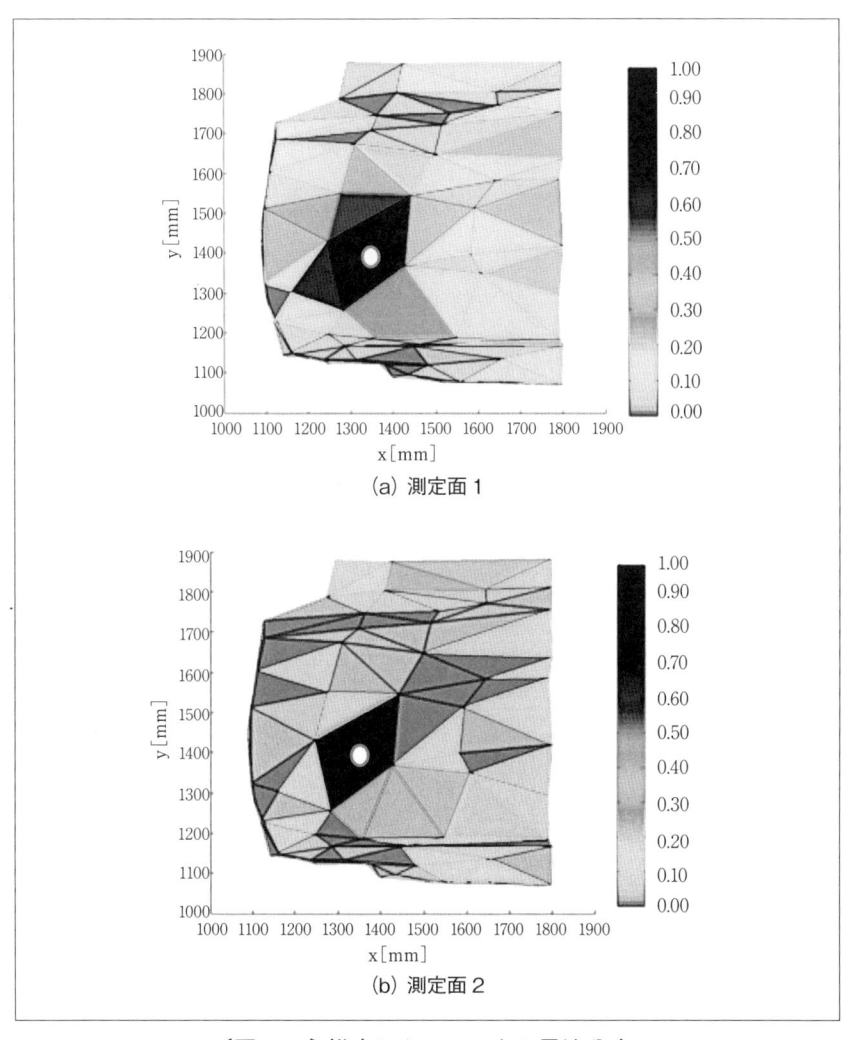

(a) 測定面 1

(b) 測定面 2

〔図 3-11〕推定したフロア上の電流分布

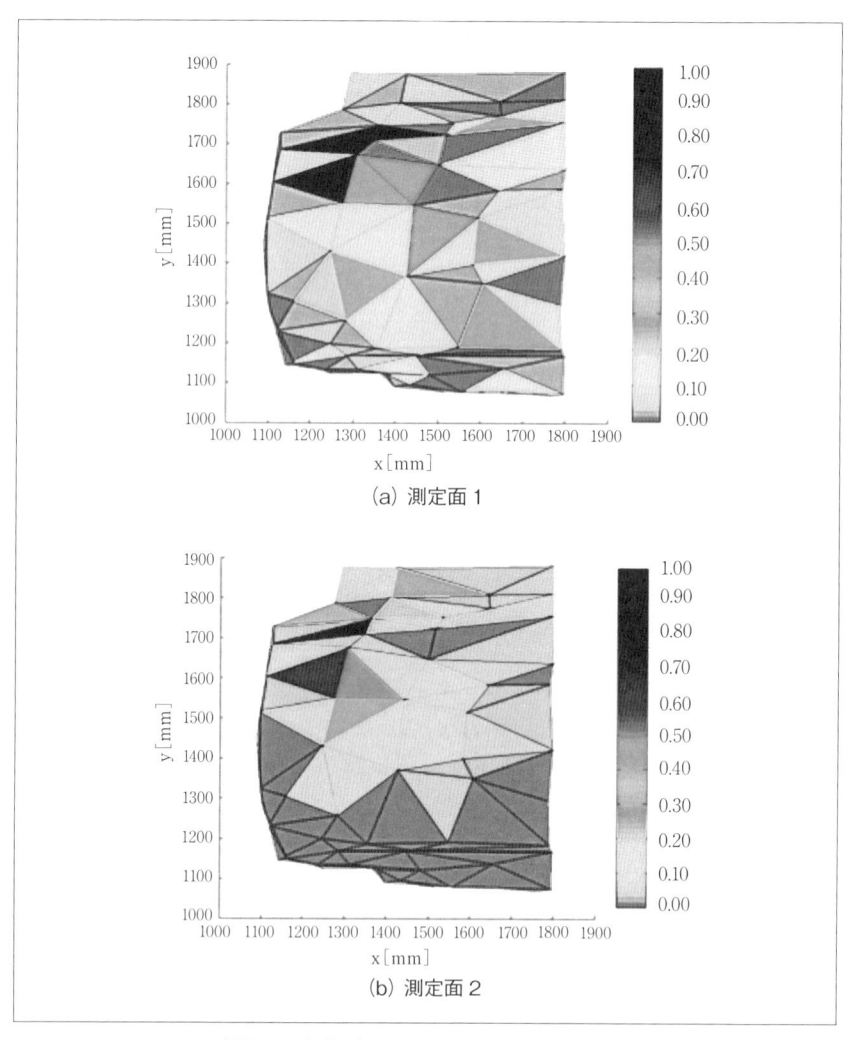

(a) 測定面 1

(b) 測定面 2

〔図 3-12〕推定したフロア上の電流分布

6．むすび

　複雑な構造の車体上を流れる AM 帯の放射電流源分布を推定するため、車体をデフォルメしたメッシュで表し、Tikhonov 正則化を用いた逆伝搬問題を解く方法について説明した。計算機シミュレーションと実験により、提案手法の有効性を確認した。実際に設定可能な測定点を使って正確に放射電流源分布を可視化できるかどうかが、今後の課題となる。

第4章

ECUのEMC設計
車載電子機器のEMC設計を実現するEDA

1. はじめに

　自動車の進化が著しい。エレクトロニクス技術によって自動車の最新機能が実現され、もはや自動車にはエレクトロニクス技術がなくてはならなくなってきている。エレメカを融合した自動運転、ITS 技術や通信、車間連携など、例をあげれば枚挙にいとまがない。このように進化が著しいエレクトロニクス化にはメリットが多くあるが、それに反してデメリットとなる影の部分も見えてくる。例えば EMC の問題が一つの例である。

1－1　電気設計 CAD ベンダーからみる自動車業界

　自動車メーカは、過去そのグループ傘下にある部品メーカから車載部品の供給を受ける傾向にあった。昨今は部品メーカの特長や開発力によってエレクトロニクス技術の得意分野が会社ごとにでてくるようになり、新しい技術導入のためにグループ傘下と別の直接関係ない会社と協業するケースが増えてきている。また、いままではエレクトロニクス技術の取り込みに積極的でなかった会社や車載機器とは異分野のメーカも参入を始めており、これらの背景も相まって、EDA ツールの問い合わせをいただくお客様も多くなってきている。それに並行して最新のエレクトロニクス技術導入に伴った EMC 問題も新たに出てきており、EMC 品質を作り込むため EDA ツールへの問い合わせや期待をいただくことが多い。

1－2　EMC 問題への対応方法「EMC 設計」

　以前に比べて今では、EMC 設計という用語が EMC 対策に並んで定着してきているが、一般的にはまだまだ EMC 対策という手法に頼って EMC 問題を対処し封じ込んでいることが多いのではないだろうか。この背景から EMC 設計と EMC 対策についてまとめてみたい。

　EMC 対策は、設計した製品を計測し EMC 問題を把握してから、その問題を対処・検討していく工程となる。設計の場面としては、試作品を作成してから EMC 問題の程度によって、部品変更や追加、アース方法、ハーネス検討など、後追いでの対策を行うことになる。つまり、EMC 対策は、必然的に設計開発フローの後工程にならざるを得ないというこ

とだ。

　すなわち、後工程で設計や試作のやり直しなどの設計変更が起こり得ることを意味する。後工程でのEMC対策工数の肥大化によって、設計予定期間を満足できず、大幅に納期を遅れさせてしまう場合がある（図4-1）。このようにEMCは「やってみないとわからない」「設計終盤で再設計になるかもしれない」というリスクや不安を、開発の後工程まで引きずっている状況がとてもよくない。

　ここでEMC設計という概念と考え方が重要になってくる。EMC設計とは、あらかじめEMC問題を起こしそうな回路や電子部品、基板、メカ、筐体などに対して、設計工程の前半にEMC品質の作り込みをもってくることである。また、設計初期から常にEMC品質を意識した設計を取り入れ、適用することでもある。EMC設計を取り入れた開発に成功できれば、製品開発のEMC対策工程が激減できるためトータル開発工数を省力化することができる（図4-2）。

　このようにEMC問題を未然防止する「EMC設計」を設計に取り入れるためには、設計工程やそれに携わる設計者の意識、組織的な改革視点からも検討していくことが必要になってくる。では、ここからEMC設計の概念を車載電子機器開発に適用していく方法を考えていきたい。

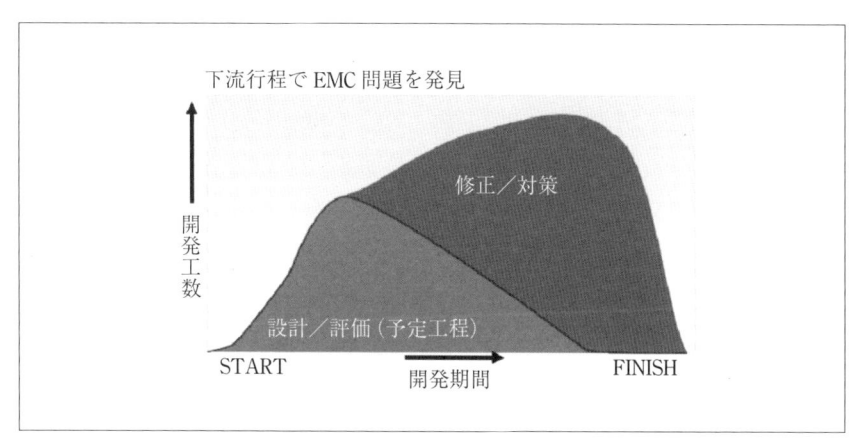

〔図 4-1〕EMC 対策によっておこる開発工数肥大化

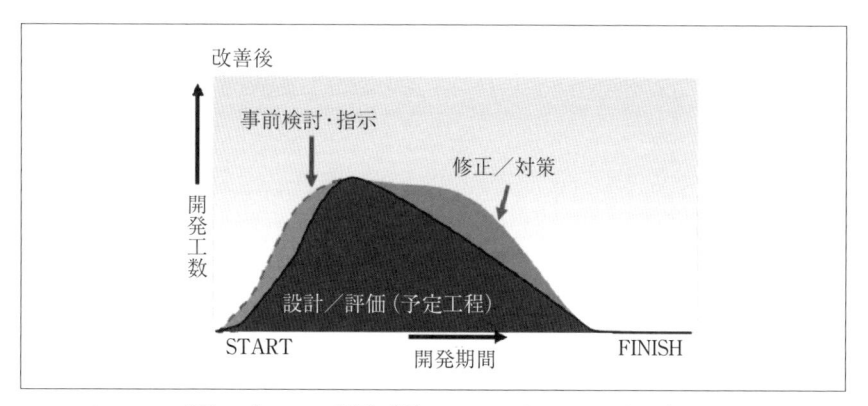

〔図 4-2〕EMC 設計手法による開発工数の省力化

2．自動車の電子制御と EMC

　最新の自動車技術の中には、いままでメカニカル制御に頼っていたところをエレクトリカル制御に置き換えながら機能追加をしているものがあるが、もしこれが電気的要因によって機能の誤動作、品質低下が起こるようであれば大問題となる。いうまでもなく、自動車は安全性を第一に配慮しなければならないため、品質低下が EMC 要因であるなら、この要因を除くための防止策などを講じなければならない。

2－1　電子制御をつかさどる ECU

　自動車の制御では ECU や PCU などがワイヤーハーネスによって接続され、それぞれの ECU が一体となって自動車全体の機能諸元を実現している。例えば50個の ECU が自動車1台に搭載されたと仮定した場合、そのたった1台が EMC 問題で致命的な誤動作を起こすと、50個の ECU で作られたシステム全体が成り立たなくなる。つまり、EMC が原因で自動車が成り立たなくなるリスクを抱えることになる。このため、自動車メーカはリスクを考慮し ECU 開発メーカと EMC に関する仕様や開発工程を取り決めして、EMC 問題を回避する方策を講じている。

　車載電子機器で問題となる主な EMC の設計課題をいくつか挙げると、例えば、ラジオノイズ（FM/AM など）、イミュニティなどの電波障害による品質低下や誤動作、静電気ノイズによる誤動作、PWM 回路ノイズの回り込みなどのデジアナ混在回路での動作不良など、様々な性能判断基準がある。

2－2　まずは ECU を最適化する

　自動車全体からみて、EMC 品質を上げ問題を起こさないようにするには、まず個々の ECU のノイズ問題を起こさないことが重要になる。一般的な ECU の構成は回路基板1枚とハーネス接続するコネクタで構成されており、基板上にはマイコンが実装され機能仕様を実現している。昨今では ECU の筐体ケースが金属ケースから樹脂ケースになる場合が多くなり、シールドなどの電磁遮蔽を期待できない。このために EMC に強い ECU にするには、回路基板を強化していかざるを得ない（図4-3）。

　この ECU を設計するうえで EMC 課題を解決の方向にもっていくには、

ノイズ伝播をうまくコントロールし、誤動作要因にならないよう回路基板のEMC品質を高く設計していくことである（ノイズ源の問題を極小化するための設計ノウハウを設計初期で適用など）。逆に、この考え方が適用できないと開発の後工程にノイズ問題を持ち越ししてしまうことにつながり、EMC対策のために工数を肥大化させてしまう負のスパイラルにつながっていく。

2－3　最適化するための方法や道具

ECUなどの車載電子機器の設計で、回路基板上のEMC品質を高くするための考え方や道具を考えてみたい。

考え方の視点では、前章で述べたようにEMC設計をすることと、ノイズの理解と電磁波や電気回路知識などのスキルが重要になる。道具の視点では、EMCを測定するための測定器の利用方法など、様々な道具を熟知・活用する方法になる。その中の一つに電気設計CADシステムの有効活用がある。次節では電気設計CADシステムを利用したEMC設計への対応機能について述べてみたい。

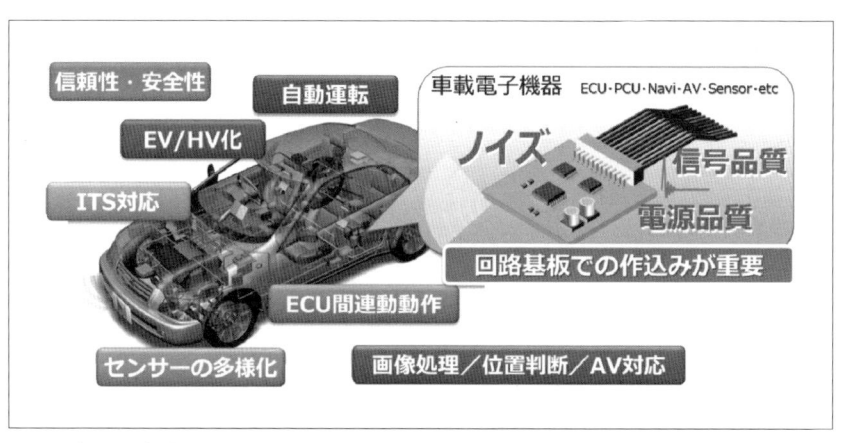

〔図4-3〕車載電子機器のEMC設計は回路基板での作り込みが重要

3．EMC 対応機能の実際

　CAD/CAE の視点でみていくと、EMC 品質を作り込むための手法や機能の実現方式は、おおよそ3種類に分けられると考えている。それは「ルールチェッカ」「デザインレビュー支援ツール」「シミュレータ」である。これらの特長を表 4-1 にまとめてみる。

3－1　ルールチェッカ

　EMC 問題箇所を自動的に見つけ定量的に合否判定するツール（図 4-4）をルールチェッカとよぶ。ユーザは、対象の設計データを自動チェックし、出力された EMC ルール違反箇所を修正・是正していくことが可能

〔表 4-1〕CAD/CAE における EMC の対応機能

方式	概要	特長
ルールチェッカ	ルールに沿って OK、NG 等を自動判定	・チェックが早い ・ルールを定量的に自動判断 ・ノウハウレベルの底上げ ・使用者にわかりやすい
デザインレビュー（DR）支援ツール	DR で着目する箇所と、DR 結果を管理	・DR 項目の追加が容易 　（カスタマイズ性が高い） ・定量的に扱いづらいノウハウが扱える ・ビューワ表示により設計データ確認が容易
シミュレータ	モデルを使って状態を表現	・電気的レベル値を参照でき詳細を確認可能 ・理論的な追込み、試算がしやすい

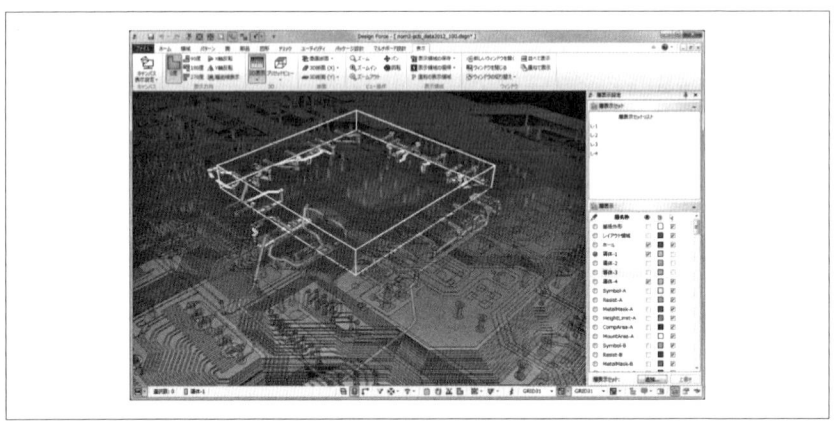

〔図 4-4〕EMC 設計ツール CR-8000 EMC Adviser EX

となっている。

　特長は、"チェック結果を早く得られる"、"EMC ルールが定量化され客観的に違反箇所が判断でき見落としがない"、"EMC ルールが理解しやすく設計者のノウハウレベルが間接的に向上する"、"結果が合否になるので使用者にわかりやすい、また違反箇所を修正すれば合格となる"などのメリットがある。

　反面、ルールが少ない場合や、ルール範囲を固定化してしまうと EMC 問題を是正できる範囲が狭くなる。また、電圧などの定量的な数値で表現しない仕組みが多いため、電気回路網としての問題解決に直接的に結びつかないケースも考えられる。

３－２　デザインレビュー（DR）支援ツール

　品質をマネージメントする手法の一つとして、設計対象にデザインレビューを行う方法がある。多くは DR 項目のチェックリストを用意して、確認の抜け漏れがないように管理しているが、このチェック項目に EMC の内容を組み込めれば、EMC の品質向上を促すことが可能になる。CAD システムを利用して、このようなデザインレビューを支援する仕組みを "デザインレビュー（DR）支援ツール" とよぶ。

　デザインレビューの項目は比較的、開発製品に特化した内容やその会社ならではのノウハウが多く、定量化できないケースが多い。このため、このツールには "チェック項目がカスタマイズできること"、"デザインレビューの見どころを様々な表現で確認可能なこと"がポイントになる。また操作としては、"回路" と "基板" と "DR チェックリスト" が双方向に連動できれば、レビューワの確認作業を省力化することができようになる（図 4-5）。

　反面、このツールはエラー合否を自動判断する仕組みではないため、利用者のスキルに頼って判断を下すことになる。このため利用者のスキルが低いと結果的に EMC 問題を未然防止できないことにつながってしまう。

３－３　シミュレータ

設計対象を電気回路や電磁気学的な視点から数値計算していくものを

シミュレータ（回路解析、電磁界解析ツール）とよぶ。モデル化した回路網や部品、空間に対して理論に基づいて数値計算し、ノイズの挙動をシミュレートしていくことが可能である。ユーザはこのシミュレータの数値結果から EMC 問題の傾向を把握し、理論的で定量的な裏付けから、修正・是正をしていくことが可能である。

　反面、数値計算に頼るためコンピュータの計算速度やメモリ数が重要である。EMC の場合は、モデル化する回路網や空間の範囲が多いのと、電磁波の周波数ポイントや結合対象が複雑になる背景から、計算量が多くなり計算時間を要してしまう場合が一般的である。この背景から、設計工程内で利用するには不向きなケースも考えられる（例えば、データ詳細度が高く設計変更や修正が頻繁な運用工程など）。このため、シミュレータの利用範囲と目的はあらかじめ明確にしておいた方がよい。

　解析目的を限定すれば、高速にシミュレーションを行え設計工程内で活用できるツールがある。例えば、信号波形の伝送線路解析や、電源 GND インピーダンス解析のシミュレータがそれである（図4-6）。

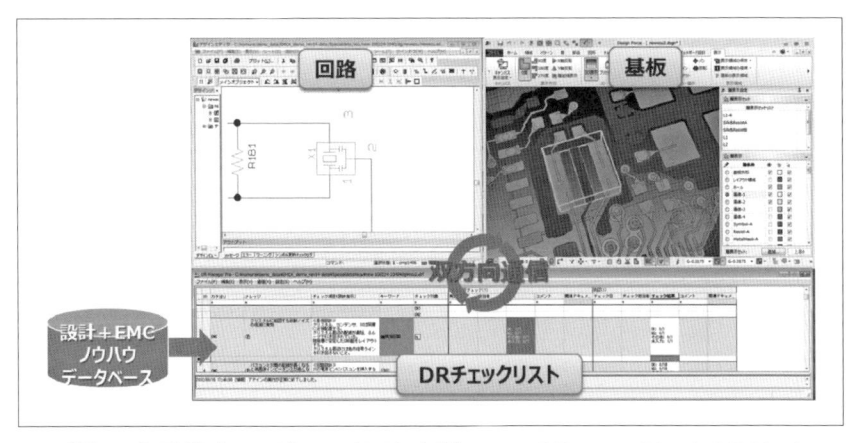

〔図 4-5〕デザインレビュー（DR）支援ツール CR-8000 Circuit DR Navi

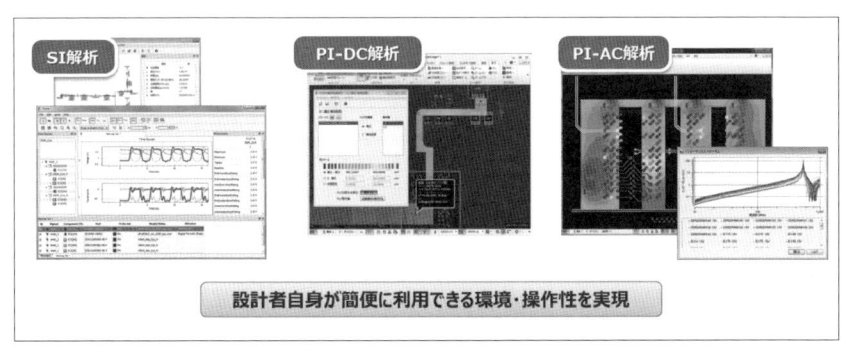

〔図 4-6〕SI 解析、PI 解析ツール CR-8000 Design Force（SIPI 解析モジュール）

4. システムレベル EMC 設計のための EDA 要件

前節で3つの EMC 対応機能「ルールチェッカ」「デザインレビュー支援ツール」「シミュレータ」について述べた。もちろんこれらの機能で EMC 設計が可能である。そして、効果が高く製品設計現場の様々な場面で利用されている。

ここで見落としてはならないのは、EMC 性能はその "製品全体が組み合わさった状態で把握される" ということである。では、製品全体をトータルで表現し、設計者の EMC 設計を支援する全体最適化に結び付けるための EDA ツール要件について述べてみたい。

4-1 製品全体の表現と EMC の関係

エレクトロニクス技術者であれば、馴染みがある回路図を使って、製品全体を電気的に表現することが可能である。電子部品である抵抗やコンデンサ、半導体、コネクタなどのシンボルを組み合わせて論理的な接続を表現していけば、その製品システム全体の回路網を作成可能だ。しかし EMC について考えてみると問題が出てくる。それは「目に見えない回路網」が EMC 問題にかかわるということである。

電磁波ノイズは空間や導体を伝播し結合する。そして伝播と結合は、その空間の物理的な距離やその素材により大きく影響を受け変化する。もし、製品全体を検討するために設計用の回路図を集めて EMC 問題を検討しようとすると、その製品内の物理的な距離やその素材による「目に見えない回路網」を考慮できないため検討範囲が不足する。このことから電気回路が実装される基板と、空間の物理的な距離を含めた製品全体の表現力が必要ということになる。

4-2 CAD/CAE のデータ表現

古くからある一般の CAD システムでは、回路のみ、基板のみ、メカ部品のみのように、用途ごとに CAD 機能が分かれている。これは、CAD システムはもともと、基板やメカ部品を設計・製図・製造するためのデータ作成を目的とするためであり、製品全体のエレキシステムとしての表現を目的としていない。

CAE ツール（上述したシミュレータ）は、解析目的に合わせて解析対

象をモデル化する。

　例えば、製品全体の解析をしようとして、製品の回路やメカ部品のモデルの詳細度を高くすると計算量が大きすぎて解析時間を要してしまう。このため、解析結果を早く得るために計算量を減らす手法を用いるのが現実的である（例えば、回路や基板、メカ構造を簡易化し、解析モデルをデフォルメしてから計算する手法）。つまり、解析目的のためにあえてデータ表現の詳細度を落としてから用いるケースがある。このように CAD/CAE のデータ表現は目的に応じて方法が分かれている。

4－3　製品全体レベルを表現できることの重要性

　EMC 問題を製品全体レベルまで意識し、設計に取り入れるためには、電気回路が実装される基板と、空間の物理的な距離を含めた製品全体の表現力が必要であり、また設計初期から常に EMC 品質を意識した設計を取り入れ適用できることが重要ということを述べた。

　ここでは、この両方の要件を実現できる EDA について少し触れる。

　カメラの例であるが、製品全体レベルを表現した例を述べる。CR-8000 Design Force は、回路基板の単体だけでなく、複数の基板を一つの CAD 画面上に表示することが可能で、かつ、その場で基板の編集も可能である。

　図 4-7 (a) は CAD 空間上に基板 3 枚とメカ部品と外装の筐体が表現されている。基板の位置関係、メカ部品の位置関係を表現できているため、この状態でも EMC を検討するのに役立つ。また図 4-7 (b) は基板上の部品移動をしているところであり、製品に組み上がった状態を意識しながら EMC を意識して編集が可能である。

　このように、ユーザが理解しやすいよう視覚化されれば、ノイズ源や回路基板、筐体などが相互に関係する位置関係（空間や物理形状）を客観的にイメージできるようになることから、EMC 設計適用がしやすくなり、ツール上すぐに編集が可能なため設計効率が向上する。

　次に、エレメカビューア XVL Studio Z の例を示す。静電気試験を EDA ツール上で表現するには、データ表現の詳細度を上げることが必要になる。例えば気中放電の場合、プラスチック筐体の隙間から回路基

板上の部品やパターンに放電されるケースがあることが知られている。
この現象を EDA ツール上で表現するには、メカ部品の隙間や部品、基

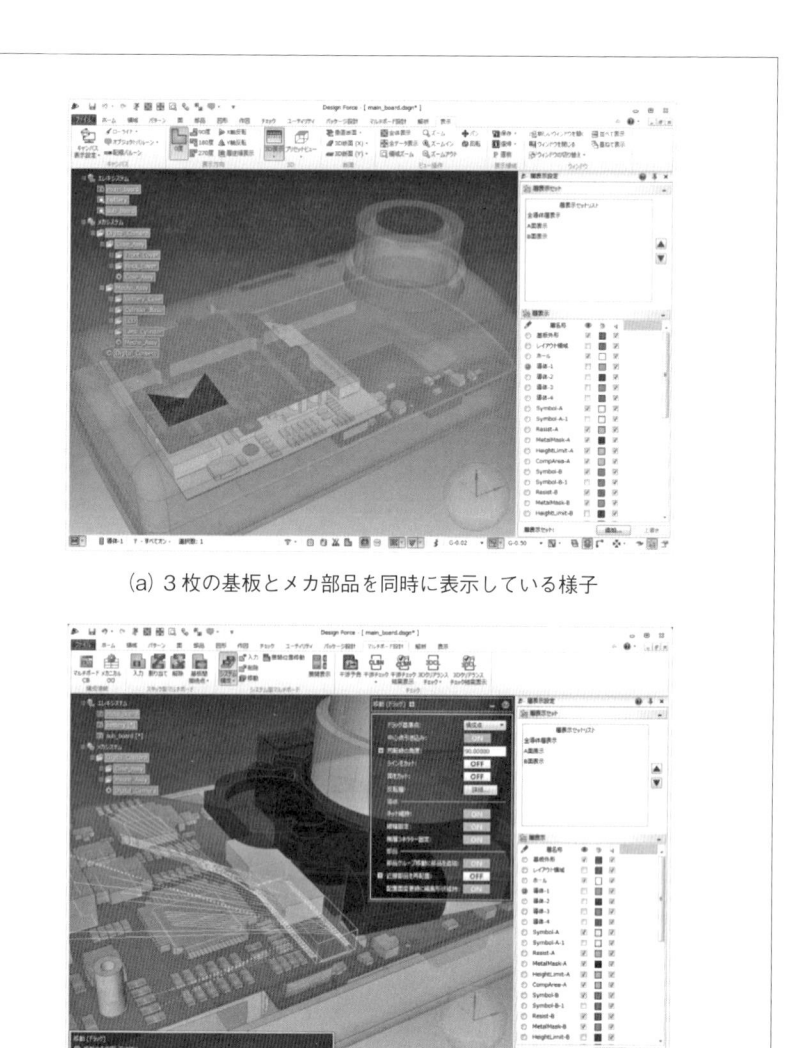

（a）3枚の基板とメカ部品を同時に表示している様子

（b）組み合わせた状態で、干渉のある部品位置を移動

〔図 4-7〕システムレベル設計ツール CR-8000 Design Force

板を忠実に表現できることがポイントであり、図 4-8 のようにビューワ
上で EMC 検証をすることができるようになる。

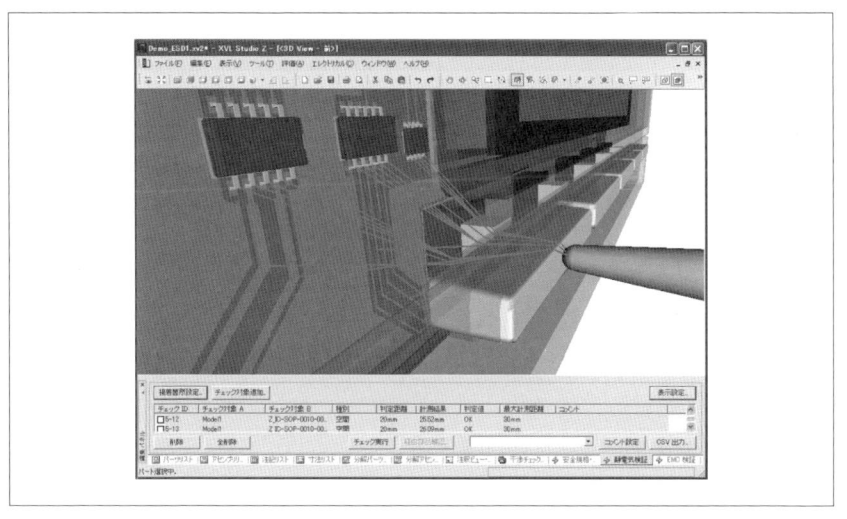

〔図 4-8〕エレメカビューワ XVL Studio Z を使った静電気検証

5．EDA ツールを使った ECU 適用事例

ECU を題材に、最新の EDA ツール CR-8000 Design Force を利用した、EMC 検証シーンを紹介する。

5－1　EDA ツールの特長

ECU の基板図である図 4-9（a）は一般的な回路基板 CAD のアートワーク表示になる。ここで 3D 表示を行うと図 4-9（b）のように 3D で部品が実装された状態を確認できる。つまり CAD ツール上で 2D と 3D 表示を自由に切り替えることができるため、2D 表示での基板編集だけでなく、3D で空間を確認しながら部品移動や配線パターン設計などの配置配線が自由に行える。さらに図 4-9（c）のように基板に加えて、その周辺のメカ部品（3D_CAD データ）を取込みできるため、メカ部品も表示しながら編集することが可能である。つまり、ユーザは製品イメージに近い表示のまま、基板設計を行うことが可能ということである。

5－2　EMC 検証ツールを利用する

3D で検図・検証が効果的に行える EMCAdviser EX を使った ECU への適用について述べたい。

図 4-10 は IC とパスコンに関するチェック適用した結果である（対象となった IC とパスコンの全体表示）。この機能は IC の電源ピン－ GND ピンに接続されるパスコンの接続状態を自動経路探索し、接続経路が長いほどエラーとする（赤＝警告、黄色＝注意、緑＝合格で表示される）。

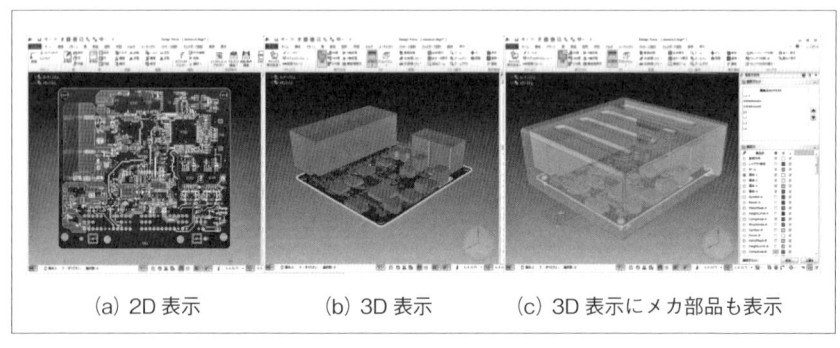

| (a) 2D 表示 | (b) 3D 表示 | (c) 3D 表示にメカ部品も表示 |

〔図 4-9〕ECU 基板の表示

図4-11では、図4-10の中からマイコンに着目した結果をズームしたものである。マイコンと同層にパスコンが近くに配置されていることが確認できる。

　図4-12では8ピンのICの裏面にパスコンが配置されていることがわかるだけでなく、配線とビアを経由したパターンの接続経路がどのよう

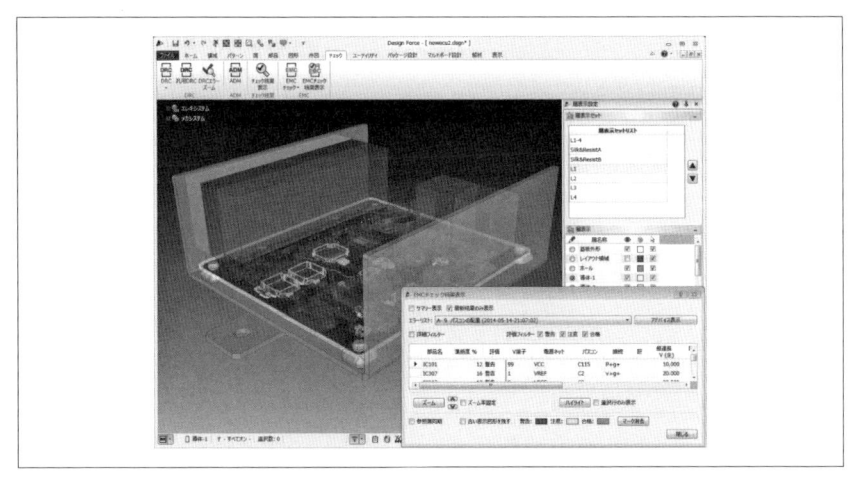

〔図4-10〕EMC検証　パスコンの配置（全体の表示）

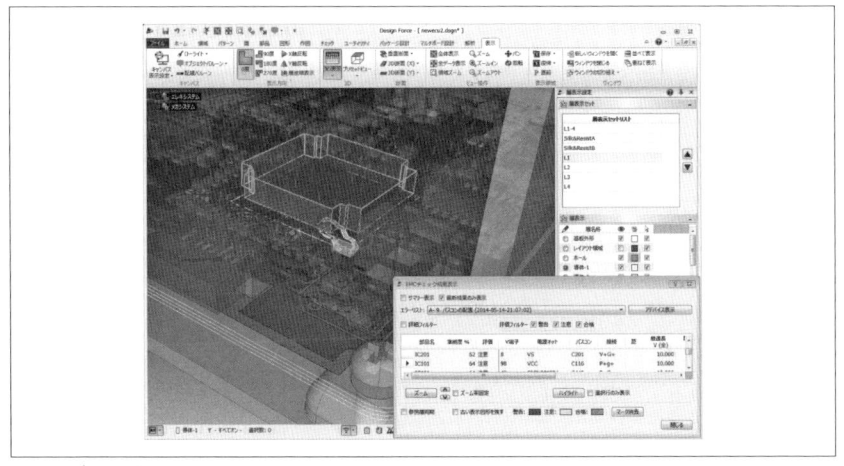

〔図4-11〕EMC検証　パスコンの配置（マイコンとパスコンをズーム）

になっているのかを一見できる。

　図4-13はGND面に着目し、GND面のインピーダンス上昇などによる違反があるかどうか検証している様子である。ハッチングされている箇所がGNDビアから離れた距離にある面パターン（不安定なGNDパターン）であり、要対策となる箇所である。この例では、筐体固定のネ

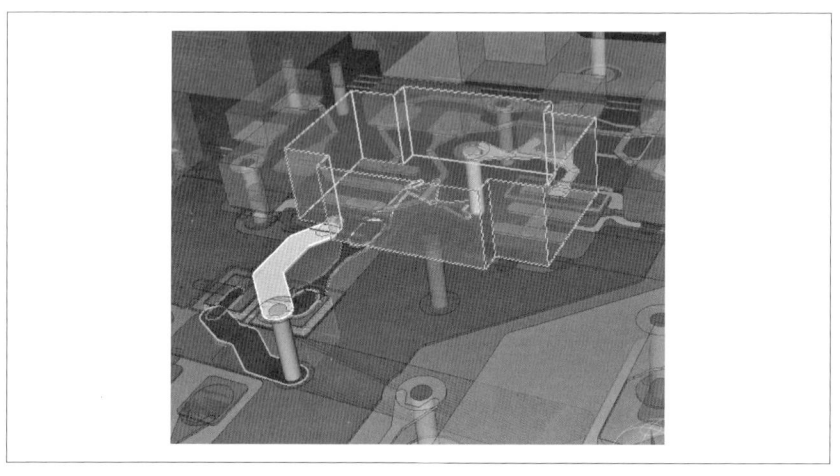

〔図4-12〕EMC検証　パスコンの配置（A面がIC、B面がパスコン）

〔図4-13〕EMC検証　面のビア不足（GND面のビア密度を評価）

ジに GND が接続されていないことも確認できた。

　車載電子機器ではセンサー情報をモニターする回路が実装されること
が多く、それに伴い外来ノイズによる誤動作、デジアナ混在、パワエレ
回路との干渉など、パターン近接によるクロストーク干渉の問題に配慮
しなければならないことが多い。図4-14では、多層基板内部の層間パ
ターンを断面で表示している図になる。同一層のパターンの近接だけで
なく、ビアを介した隣接層のパターンにも近接する干渉箇所が発見され
ている。

　図4-15は、ECU のコネクタから侵入するノイズが、基板の GND パ
ターンを介して自動車シャーシ固定のアースネジへ伝導し伝播する様子
を模試した検証結果である。この場合、ECU が長い L 字金具部品で固
定されており、伝播経路が長いため課題があるとみなされる。

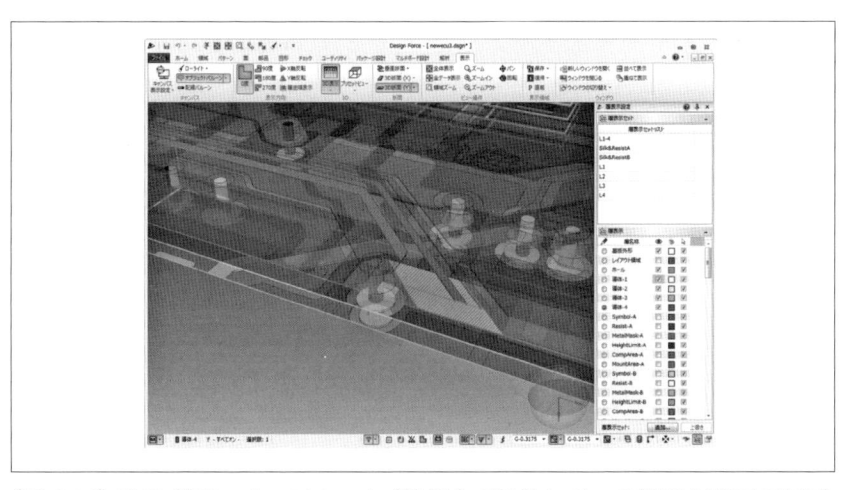

〔図4-14〕EMC 検証　クロストーク（基板内で干渉している箇所を断面で表示）

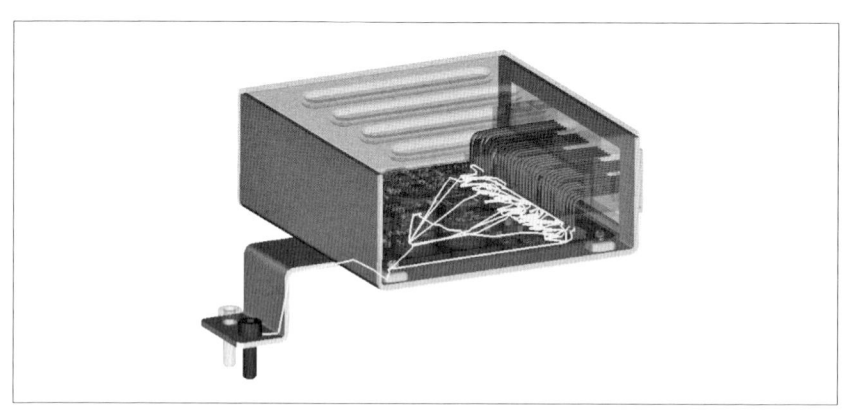

〔図 4-15〕EMC 検証　エレメカ経由の伝播
（基板＋筐体＋固定部品同時に検証）XVL Studio Z

6．まとめ

　車載電子機器を題材にして、EMC の基本性能を一段と上げた製品設計を効率よく設計するための EDA ツールの必要性、その種類、活用方法についてまとめた。

　EDA ツールを車載機器向けで活用いただくには様々な方法があり、この誌面ではお伝えしきれなかった内容がある。EMC には直接関係しないかもしれないが、例をあげると、回路動作や通信などの設計に利用できる回路解析や電磁界解析ツールとの連携、回路モジュールを活用した構想設計における回路設計効率化、ISO 26262 に代表される機能安全を考慮するエレキハードウェア設計の考え方、ワイヤーハーネスの設計効率化など、様々な用途や設計手法に適したものがある。これらのものはユーザから様々なご質問やご期待をいただいており、ニーズに応えられるよう日々開発をしている。そしてこれらの EDA ツールが、「ユーザの課題解決」につながるよう EDA ベンダーとして今後も提供し続けたい。

　自動車は最新のエレクトロニクス技術が採用され常に新しいものが次々と販売されている。それを支える車載電子機器の EMC 対策は簡単ではなく、設計を進める上で計り知れない苦労がまだまだあるのではないだろうか。ここであげた EDA を利用いただき、EMC の課題改善および品質向上に寄与いただければ幸いである。

第5章

～自動車ECUに使用～
車載向けマイコンのEMC設計と対策事例

1. まえがき

　2013年に、富士通のマイコン・アナログ事業部門がスパンションへ事業譲渡されたが、富士通時代より車載向けマイコンの設計・開発を行っており、スパンションとなった以降もこれまでと変わらず、車載向けマイコンの設計・開発を行っている。

　車載向けマイコンのラインナップとしては、エアコン機器、ボディー機器向けマイコン、ダッシュボード制御 / メータ制御などに適したクラスタ向けマイコン、EV/HEV 制御に適した電源制御用マイコン、シングル / デュアルモータ制御に適したモータマイコンなど多くのマイコンを取り揃えており、全世界の自動車メーカーに採用されて、多くの車両に搭載されている。

　これらのマイコンは ECU と呼ばれる電子装置に搭載される。ECU の例としては、車の速度やエンジンの回転数などを表示するメータ制御 ECU、センサからの情報を基に常に車内を快適な温度に保つ機能を有するオートエアコン制御 ECU、アクセルセンサからの情報を基に車の速度、加速度を制御するエンジン / モータ制御 ECU などがある。

　これらの ECU は LIN、CAN、FlexRay といった車載ネットワークにより情報を共有して、連携して動作する。ECU に伝わる情報は電気信号で行われるが、この電気信号には正常な信号だけではなくハーネスを経由して ECU を誤動作させる可能性があるノイズも伝達することがある（ノイズの伝達は様々な要因があり、ネットワークは一例である）。これらの ECU に搭載されているマイコンも外部からノイズが印加されることで誤動作の要因になるが、マイコン自身がノイズの発生源となる場合もある。

　当社はマイコンの EMC 対策を富士通時代より積極的に行っており、現在、次世代の自動車システムに向けて、制御基板を含めたノイズ対策を提案している。また、標準化されたマイコンの EMC 評価環境も整っている。今回はマイコンの EMC 設計と EMC 評価環境、電波照射における具体的な事象とその対策について紹介する。

2．当社マイコンにおける EMC 設計への取り組み

　当社マイコンは、1990 年代から EMC 設計への取り組みを行っている（図 5-1）。

　1st ステップとしては、降圧回路、クロック逓倍回路の採用、クロックバッファ等の駆動能力の最適化、入力端子へのノイズフィルタ挿入などの対策を行ってきた（図 5-2）。

　降圧回路搭載によりマイコンの内部電圧を低くし、マイコン内部のクロックバッファ等の駆動能力も最適化することで消費電力を抑え、ノイズを低減させた。

　クロック逓倍回路を搭載することで外付け振動子を低速化し、発振起因のノイズを低減させた。

　また、I/O 端子、リセット端子などの入力端子へノイズフィルタを挿入することによりノイズ耐性の強化も行った（図 5-3）。

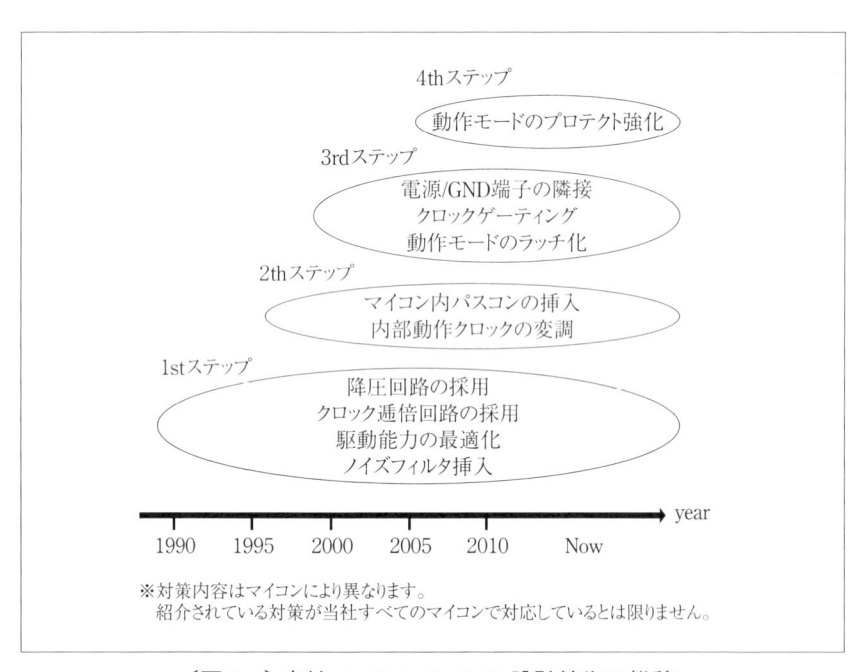

〔図 5-1〕当社マイコンの EMC 設計技術の推移

2nd ステップとしては、マイコン内パスコン挿入、内部動作クロックの変調に対応した。パスコンは主なノイズ発生源となる電源部やクロック生成部に重点的に挿入することでノイズ低減効果が確認できた（図 5-4）。

　内部動作クロックの変調では、スペクトラム拡散させてノイズピークを下げる効果が確認できた（図 5-5）。

　3rd ステップとしては、電源 / グラウンド（GND）端子の隣接、クロックゲーティング、動作モードのラッチ化に対応した。電源 /GND 端子の隣接により、ボード上でパスコンをマイコン直近に配置できるようにな

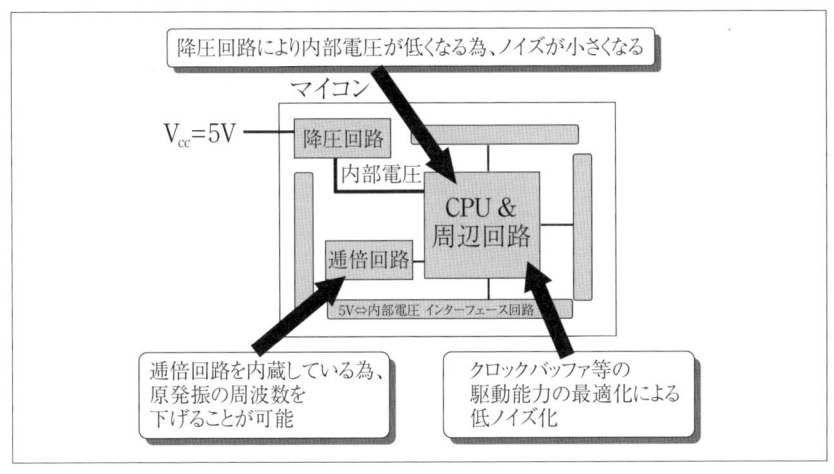

〔図 5-2〕降圧回路、逓倍回路の採用、駆動能力の最適化

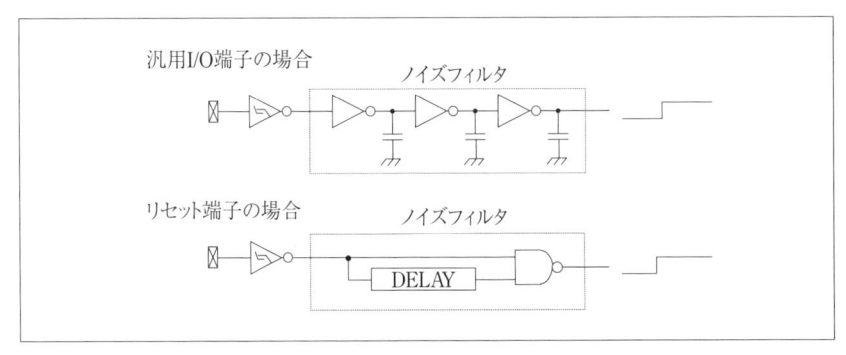

〔図 5-3〕入力端子へのノイズフィルタ挿入

り、ノイズを低減できるようにした(図5-6)。

　クロックゲーティングでは、動作していない機能ブロックへのクロックを停止させ、消費電流を抑えることで、ノイズを低減した(図5-7)。

　動作モードのラッチ化では、リセット解除時のモード端子状態を取り込んでラッチさせることにより、動作中にモード端子にノイズが入っても動作モードが変化しないように対策した(図5-8)。

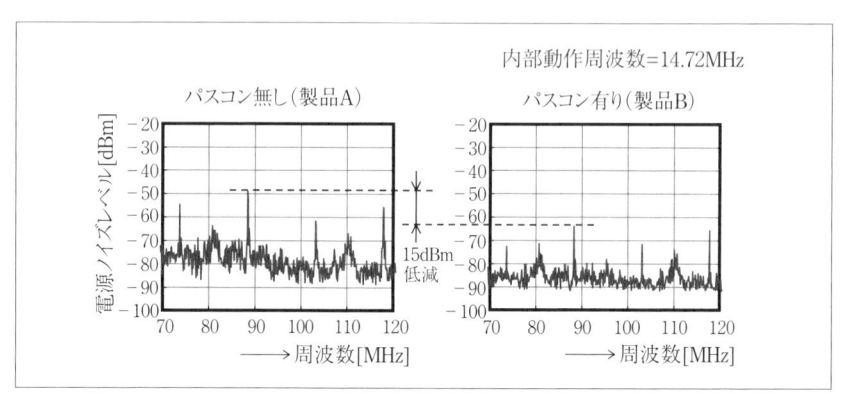

〔図5-4〕マイコン内パスコンの効果

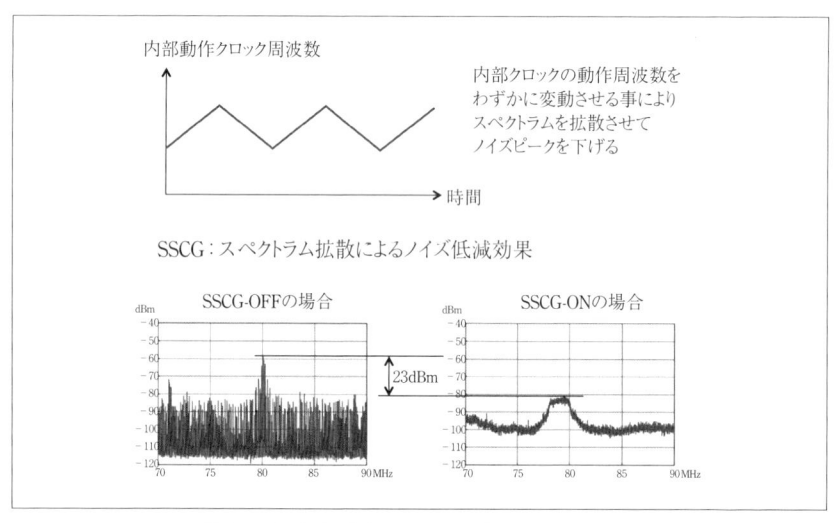

〔図5-5〕内部動作クロック変調による効果

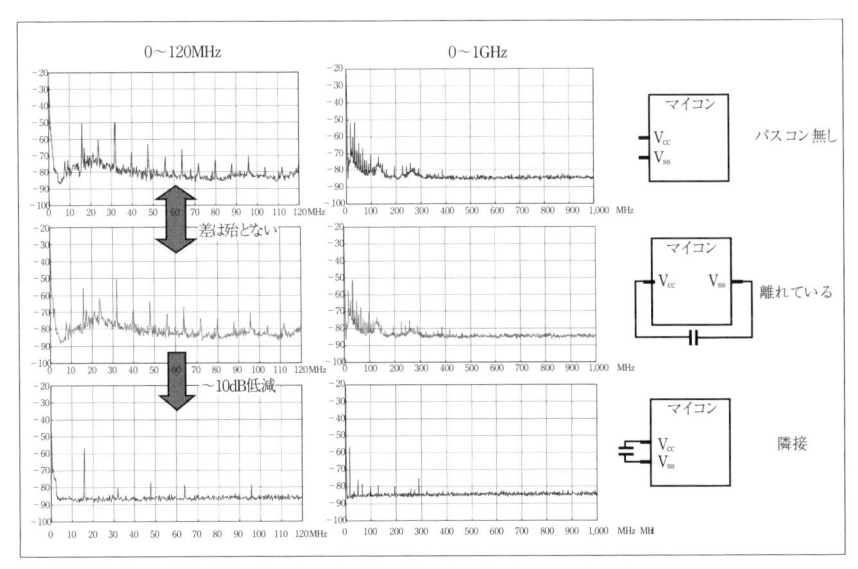

〔図 5-6〕電源 /GND 端子の隣接による効果

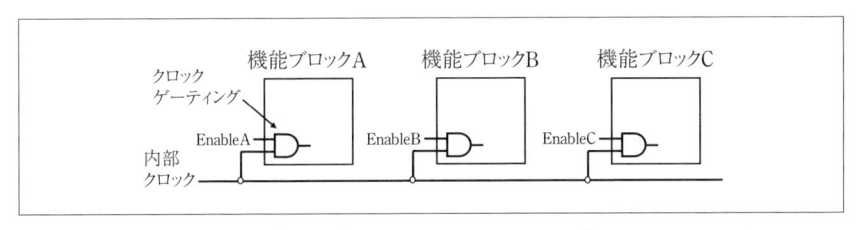

〔図 5-7〕クロックゲーティング

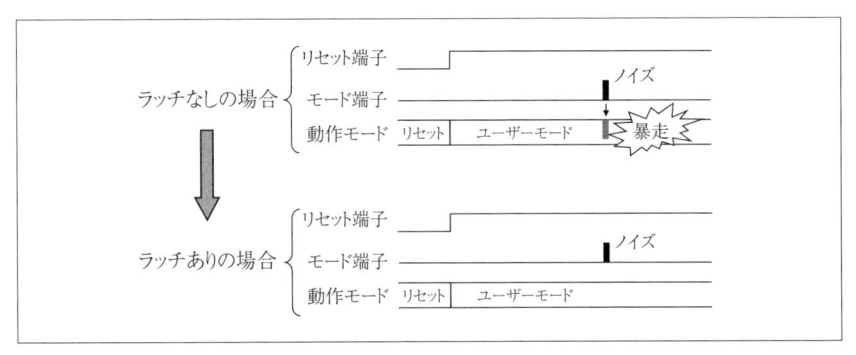

〔図 5-8〕動作モードのラッチ化

4thステップとしては、動作モードのプロテクト強化を行った。万が一、ユーザモード動作中にテストモードに遷移してしまった場合でも、ユーザモードに自動復帰できるように監視機能を搭載した（図5-9）。

この他のEMC設計として、当社マイコンではAutomotive I/O、スルーレートコントロールI/O、クロックスーパーバイザーなどの機能も採用している。

車体を共通アースとして使用した場合、大電流によってグラウンドレベルが変動する。Automotive I/Oは、このような状況でグラウンドレベルが浮いた信号が入力されても正しく“Low”レベルが認識できるようにするために入力しきい値を高めに設定している（図5-10）。

クロックスーパーバイザーとは、外付け振動子の発振停止を検出した場合に、リセット発行し、内蔵CRクロックによる動作に自動的に切り換えを行う機能である。これにより、電波照射等で発振停止した場合においても、フェイルセーフ処理を行うことができる（図5-11）。

このように現在でも当社マイコンではEMC設計への取り組みを継続的に行っている。

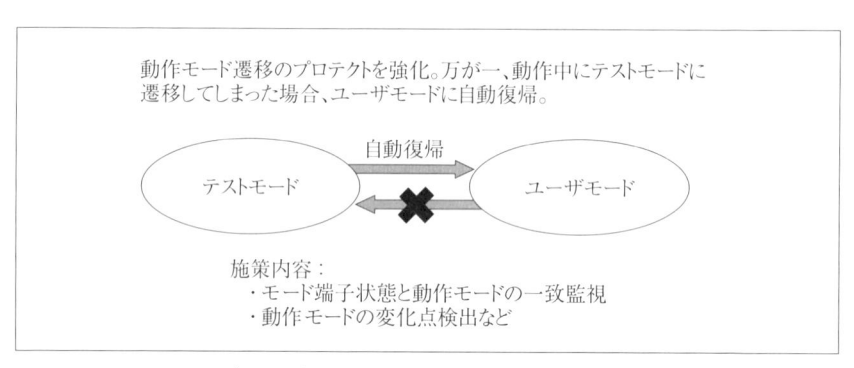

〔図5-9〕動作モードのプロテクト強化

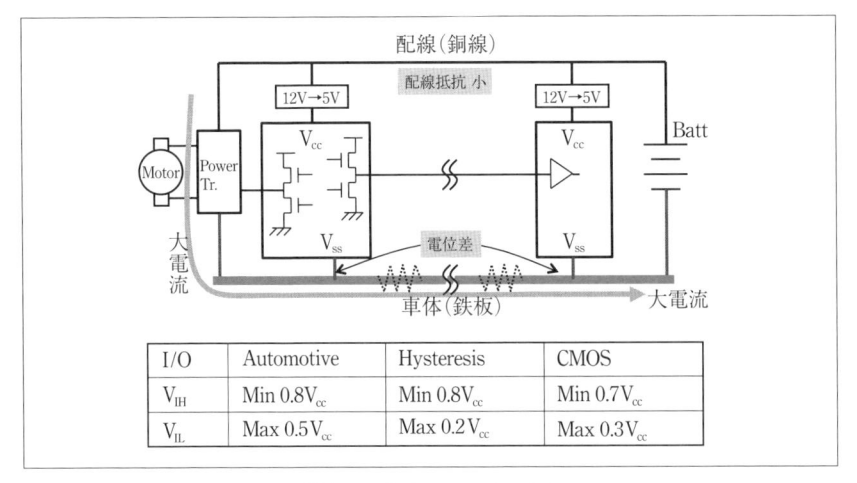

I/O	Automotive	Hysteresis	CMOS
V_{IH}	Min $0.8V_{cc}$	Min $0.8V_{cc}$	Min $0.7V_{cc}$
V_{IL}	Max $0.5V_{cc}$	Max $0.2V_{cc}$	Max $0.3V_{cc}$

〔図 5-10〕Automotive I/O

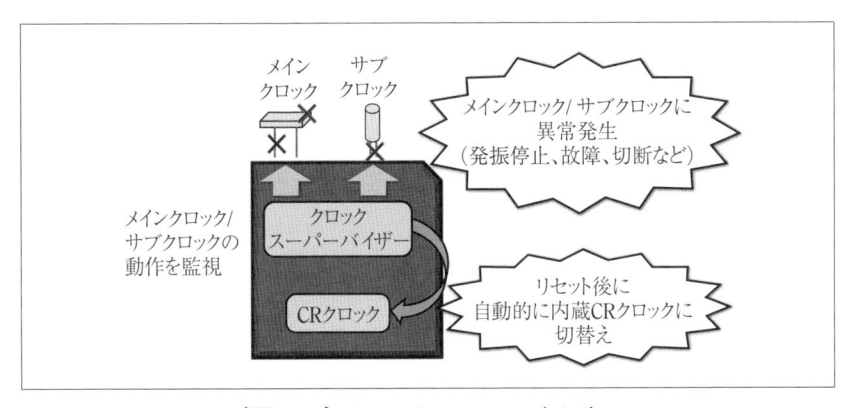

〔図 5-11〕クロックスーパーバイザー

3．LSI の EMC 評価について

IEC の TC47 において半導体の EMC 測定が規定されている（表 5-1）。

これら IEC 規格では測定方法について規定しているが、要求性能については決められていない。車載向けマイコンについては、AEC-Q100[*1]や BISS[*2] などで EMC 性能が要求される。AEC-Q100 では SAE J1752-3（Radiated Emissions）による測定が要求されるが SAE J1752-3 は IEC 61967-2 に取り込まれている（つまり同じ測定法である）。

AEC-Q100 Rev-F まではクライテリアとして 40dBuV 未満と記載されていたが、Rev-G ではクライテリアは記載されていない。一方、BISS の要求はエミッションとイミュニティがあり、要求内容についてまとめる（図 5-12、図 5-13、表 5-2、表 5-3）。

測定法に対する要求性能があり、LSI メーカーは EMC 性能を満足した製品が要求される。では、主な測定法について簡単に説明する。

3−1　エミッション

IEC 61967-1 には IEC 61967 シリーズの測定で共通に適用される事項が定義されている。試験ボードのサイズや層構成、測定する周波数範囲、使用する測定器の違いによる RBW の幅、掃引時間など多くの条件が定義されている。ただし、各測定法に特別な定義がある場合は、測定法の

〔表 5-1〕IEC における半導体の EMC 測定規格

エミッション		イミュニティ	
規格番号	試験方法	規格番号	試験方法
IEC 61967-1	共通事項	IEC 62132-1	共通事項
IEC 61967-2	TEM セル法	IEC 62132-2	TEM セル法
IEC 61967-3	Surface scan 法	IEC 62132-3	BCI 法
IEC 61967-4	1Ω/150Ω 法	IEC 62132-4	DPI 法
IEC 61967-5	WBFC 法	IEC 62132-5	WBFC 法
IEC 61967-6	マグネティックプローブ法	IEC 62215-2	同期トランジェント注入法
IEC 61967-8	IC ストリップライン法		

[*1] 大手自動車メーカーと大手電子部品メーカーによって作られた団体（Automotive Electronics Council）による車載向け集積回路の規格

[*2] Bosch,Infineon,Siemens VDO 社が共同で策定した半導体素子の EMC に関する共通仕様（Bosch Infineon Siemens Specification）

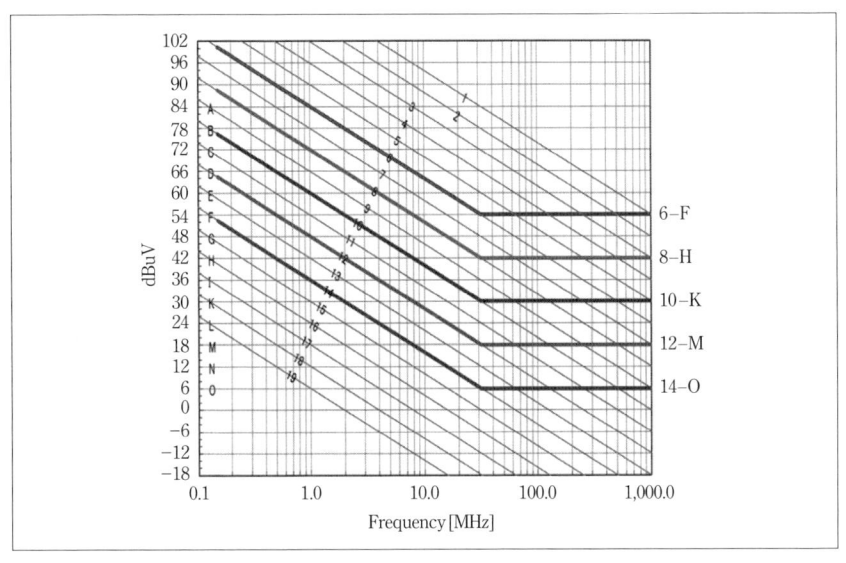

〔図 5-12〕1 Ω /150 Ω 法の Limit class

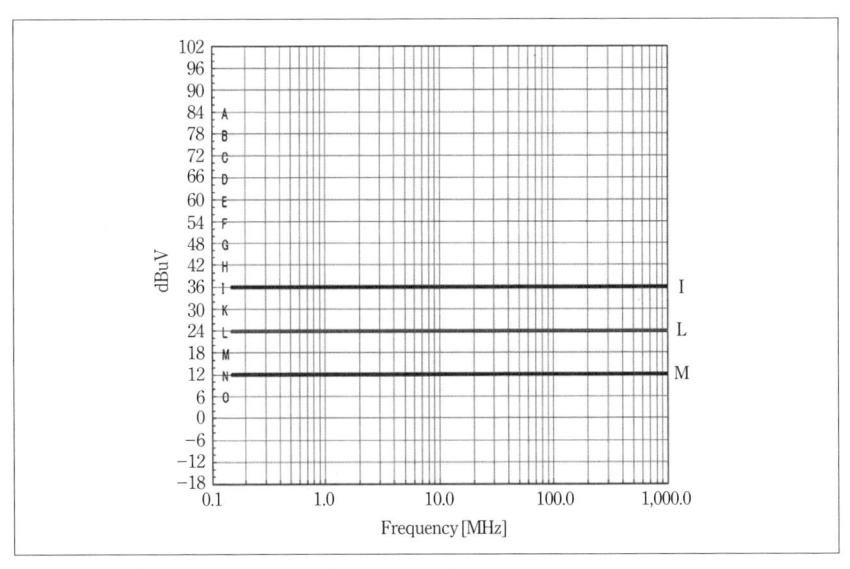

〔図 5-13〕TEM セル法の Limit class

記載に従えばよい。たとえば試験ボードのサイズが IEC 61967-1 では一辺の長さが、100−1mm 〜 100+3mm の四角形と定義されているが、IEC 61967-4 では円形の DUT ボードと測定用マザーボードの使用を許している。

　また、異なった測定法の結果を比較する相関は確立されておらず、EMC 性能を比較するには、同じ測定法の結果である必要がある。

３−１−１　TEMセル法　(IEC 61967-2)

　対象となる LSI（DUT）自身から直接放射されるノイズを測定するものであり、試験は TEM セルや GTEM セルの内側に DUT を置いて動作させる。そのため、片面を GND プレーンとし、その面に DUT のみを搭載した試験ボードを使用する。試験ボードの DUT 搭載面の GND プレーンが TEM セルの内壁の一部を構成する形になるので、できる限り1枚の金属板に近いものにすることが重要である。また DUT 搭載面に配置されたすべてのものからのノイズが測定結果に影響するため、DUT 以外の部品は搭載せず、不必要なトレースを引かないことも重要になる。試験構成は図 5-14 に示す。

〔表 5-2〕BISS におけるエミッションの要求性能

Limit class	150Ω method		1Ω method		TEM cell method	Description
	global pin	local pin	global pin	local pin		
I	8-H	6-F	10-K	8-H	I	high application EMC effort
II	10-K	8-H	12-M	10-K	L	medium application EMC effort
III	12-M	10-K	14-O	12-M	N	low application EMC effort
C	customer specific					customer specific

global pin アプリケーションボードに出入りする信号や電源
local pin アプリケーションボードから出入りせずにボード内で接続される信号

〔表 5-3〕BISS におけるイミュニティの要求性能

Limit class	DPI method [forward power] dBm		TEM cell method [E-field] V/m	Description
	global pin	local pin		
I	18	0	200	high application EMC effort
II	24	6	400	medium application EMC effort
III	30	12	800	low application EMC effort
C	customer specific			customer specific

3－1－2　1Ω/150Ω法（IEC 61967-4）

対象となる LSI（DUT）の端子からのノイズを測定するものであり、測定を行う端子にインピーダンス整合回路を介し測定器を接続する。GND については 1Ω の電流－電圧変換抵抗を用いたプローブを使用し、高周波電流の測定を行い、信号端子については、150Ω－50Ω インピーダンス整合回路を使用し高周波電圧の測定を行う。試験構成は図 5-15 に示す。

3－2　イミュニティ

エミッションの IEC 61967-1 と同様に IEC 62132-1 に IEC 62132 シリーズの測定で共通に適用される事項が定義されている。

3－2－1　TEMセル法（IEC 62132-2）

対象となる LSI（DUT）に対し電界を照射し、周波数ごとに誤動作レ

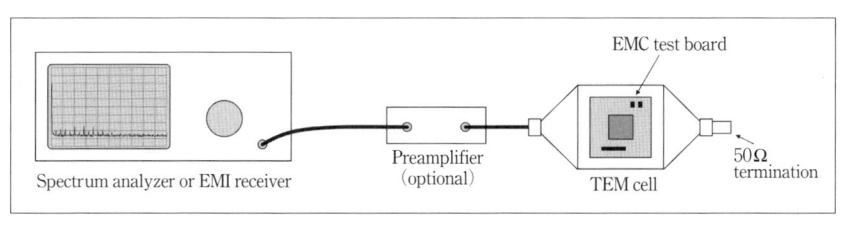

〔図 5-14〕TEM セル法試験構成（エミッション）

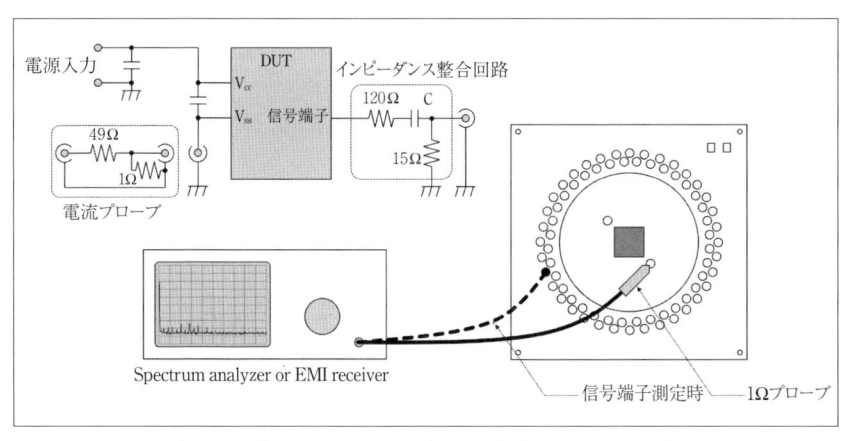

〔図 5-15〕1Ω /150Ω法試験構成（エミッション）

ベルを確認する試験であり、TEM セルや GTEM セルの内側に DUT を置いて動作させる。エミッションの TEM セル法と同様に、GND プレーンや DUT 以外の部品、トレースが試験に影響を及ぼす。試験構成は図 5-16 に示す。

3－2－2　DPI法（IEC 62132-4）

対象となる LSI（DUT）の端子に直接 RF 信号を注入し、周波数ごとに誤動作レベルを確認する試験である。RF 信号は結合・減結合回路網（CDN）により、ほかの信号とデカップリングする必要がある。試験構成は図 5-17 に示す。

車載向けマイコンについては、これらの試験を実施し、EMC 性能の要求を満足する製品の開発を行っているが、車載機器では独自の評価が実施されることがあり、必ずしも問題が起こらないわけではない。

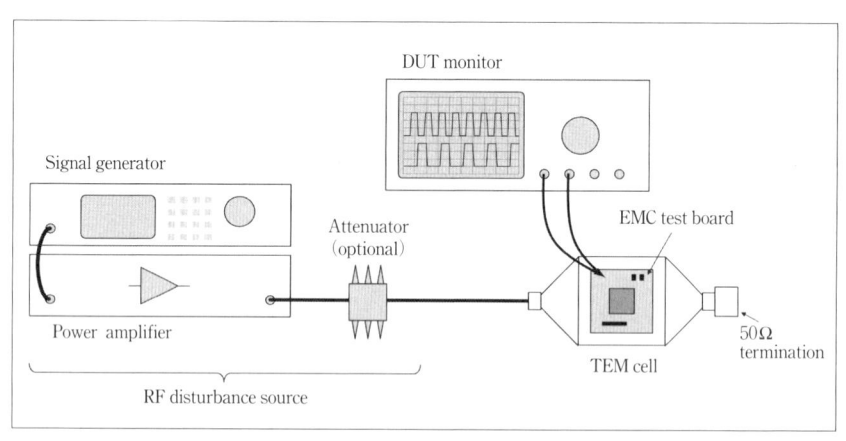

〔図 5-16〕TEM セル法試験構成（イミュニティ）

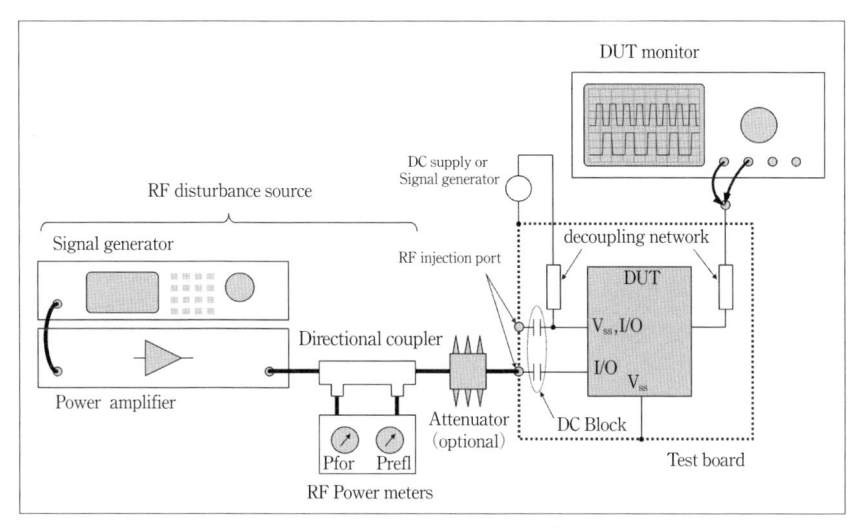

〔図 5-17〕DPI 法試験構成（イミュニティ）

4．電波照射試験での事例とその対策

4－1　車載機器での電波照射試験

　車載機器では、無線機のアンテナをマイコンが実装されたプリント基板近くまで近づけて、基板が誤動作するかどうかの電波照射試験が実施される（図5-18）。アンテナと基板の距離は、車載機器メーカーによって異なっているようである。

4－2　電波照射試験での事例

　電波照射によって起こりやすい代表的なマイコン動作の事象を2つ挙げる。

　(1) 電波照射時にマイコンのI/O端子（入力端子として使用した場合）の電圧レベルが異常となり、入力プルアップの "H" レベルは電圧低下し、入力プルダウンの "L" レベルは電圧上昇するという現象が起こることがある（図5-19）。それによって外部リセットがかかったり、不正外部割

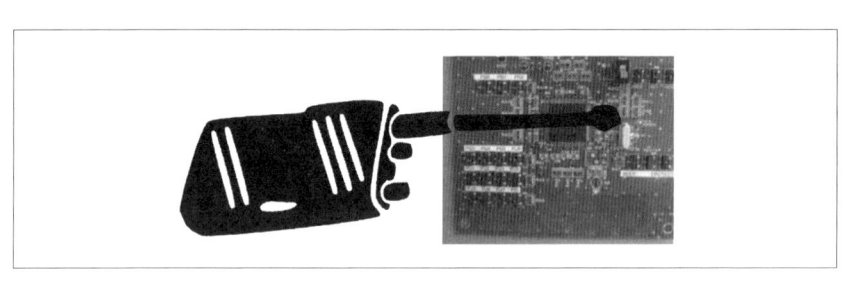

〔図5-18〕電波照射試験

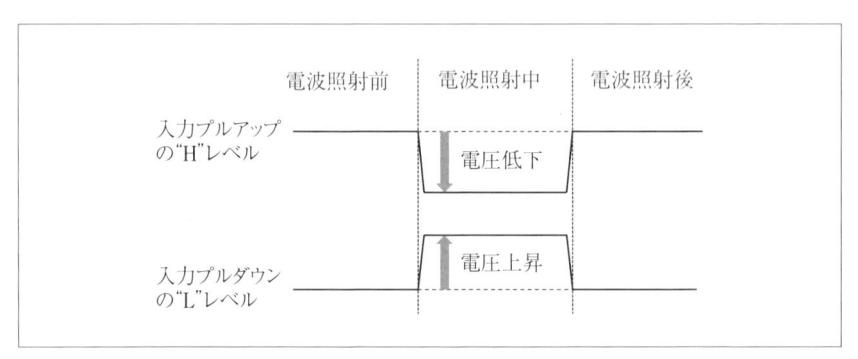

〔図5-19〕電波照射時の I/O 端子レベル

込みが発生したり、あるいは LCD 表示異常といった不具合が起こる。電波照射を止めると I/O 端子の電圧レベルは正常に戻る。なお、図 5-19 の波形は実際にオシロスコープでも観測できるが、高周波が重畳して判りにくいのでオシロスコープの LPF（ローパスフィルタ）機能を ON にすると観測しやすい。

(2) 電波照射時にマイコンの発振 I/O 端子の発振動作が停止し、動作不能となることがある（図 5-20）。電波照射を止めると発振は正常に戻る。

4−3　電波照射による事象が起こるメカニズム

(1) I/O 端子の電圧レベル異常は I/O 端子の保護素子（ダイオード、バイポーラ）の整流作用によって起こるものであり、マイコン特有ではなく通常のマイコンの入力端子に起こる現象である。そのメカニズムを簡単に説明するために、プルアップした I/O 端子の等価回路と電波照射によって I/O 電源が高周波で変動したと仮定した時の I/O 端子の波形を図 5-21 に示す。電波照射時に、全てのノードが一緒に高周波で揺れてくれれば問題は起こらないが、実際には各ノードで重畳レベルが異なってしまう。I/O 電源電圧が I/O 端子電圧より下がった瞬間に電源側ダイオードに順方向電流が流れて I/O 端子電圧はドロップ（図 5-21 の①）する。

その後、I/O 電源電圧が上昇しても、ダイオードには電流が流れずプ

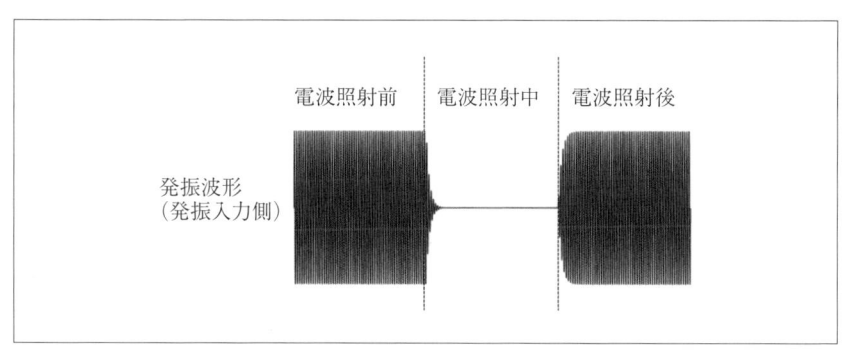

〔図 5-20〕電波照射時の発振 I/O 端子波形

ルアップ抵抗からのみ電流が供給されるため、I/O端子電圧はゆっくりと電圧上昇（図5-21の②）することとなり、再びI/O電源電圧の降下によってドロップ（図5-21の③）を繰り返し、I/O端子電圧の "H" レベルが低下する。重畳レベルが大きくなるとマイコン内部の入力しきい値を超えて "L" レベルと誤認識してしまうことになる。なお、図5-21ではダイオードのみを用いて説明したが、実際のI/O端子にはバイポーラも寄生し、その寄生バイポーラの整流作用によっても起こる。また、図5-21ではI/O電源電圧に高周波が重畳した場合で示したが、I/O端子電圧に高周波が重畳した場合も同様である（どちらを基準に考えるかの違いだけである）。

　以上が、入力端子の "H" レベルが低下するメカニズムであるが、プルダウンで "L" 入力端子として使用した場合には、同様のメカニズムで、電波照射中には "L" レベルが上昇し、重畳レベルが大きくなるとマイコ

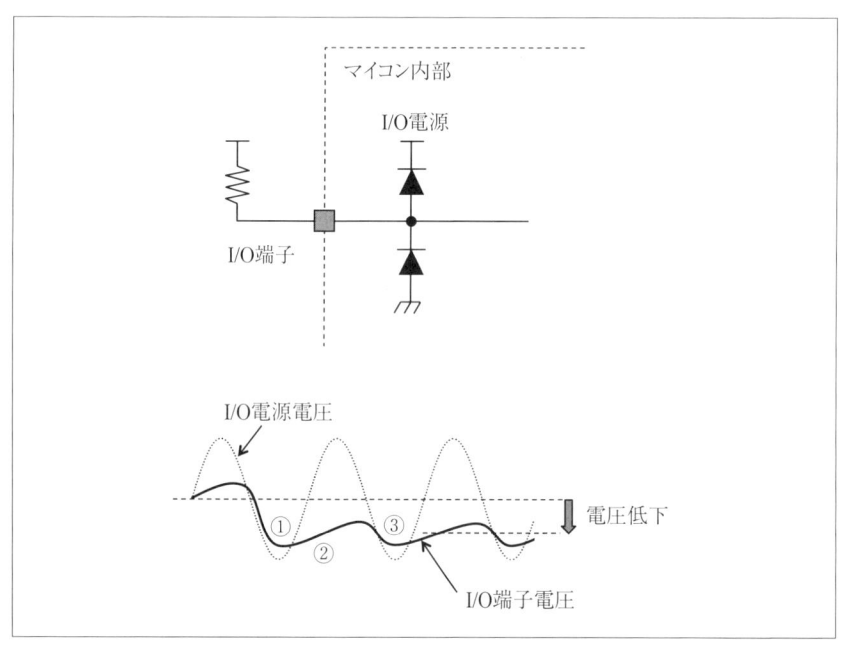

〔図 5-21〕電源側への重畳による I/O 端子の電圧低下

ン内部の入力しきい値を超えて "H" レベルと誤認識してしまうことになる。

(2) 発振 I/O 端子の発振動作停止は、前記 (1) の保護素子の整流作用による発振入力端子の振幅低下（"H" レベルは電圧低下し、"L" レベルは電圧上昇）だけでなく、発振出力端子の出力振幅減衰によっても引き起こされる。発振入力端子に高周波が重畳した時の発振出力端子の波形を図 5-22 に示す。発振入力端子への重畳レベルが大きくなると、入力の "H" と "L" の Duty が 50% に近づき、出力端子の振幅が減衰する様子がわかる。それらの要因によるトータル減衰量が発振ループのゲインを上回ってしまうと発振停止に至ってしまう。

4－4　マイコン側での対策

マイコンの入力端子には ESD 電流を逃がすためのダイオードや寄生バイポーラが必要であり、その削減は ESD 耐性を犠牲にすることになる。マイコン側でできることは、ESD 保護を最適化し過剰に順方向電流を流さないようにするくらいで、対策は困難である。

4－5　プリント基板上での対策例

電波照射によるマイコンの I/O 端子の電圧レベル異常や発振動作の停

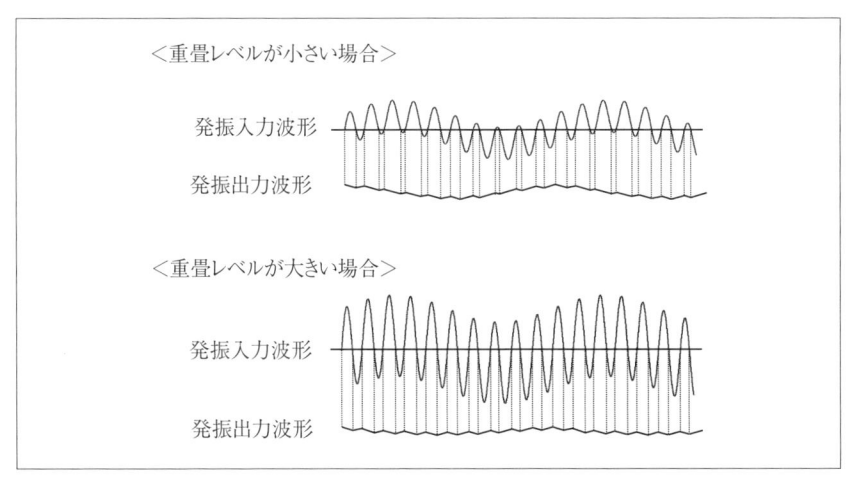

〔図 5-22〕入力側への重畳による出力振幅の減衰

止は、マイコン側での対策は困難であるため、プリント基板上での対策が必要となる。一番効果的なのがシールドであるが、これはコストアップになるのでできれば避けたい対策である。現実的な対策としては、電波照射中に変化してしまうとシステム動作異常に至るマイコンの入力端子をピックアップし、その端子に接続される配線周りをチェックし、電波が重畳されにくいレイアウトにする必要がある。まず注意しなければならない点は、自分自身の配線がアンテナになって電波を拾わないように、配線をできるだけ最短にすることである。配線が長くなってしまう場合には、数十 pF〜数百 pF の容量部品を、プルアップ入力端子の場合は I/O 端子と電源間に、プルダウン入力端子の場合は I/O 端子と GND 間に設けると、電波照射による I/O 端子の電圧レベル異常が改善される場合がある。例えば図 5-23 の上図のように、スイッチとプルアップ抵抗でリセット回路を構成していて、電波照射によって外部リセットがか

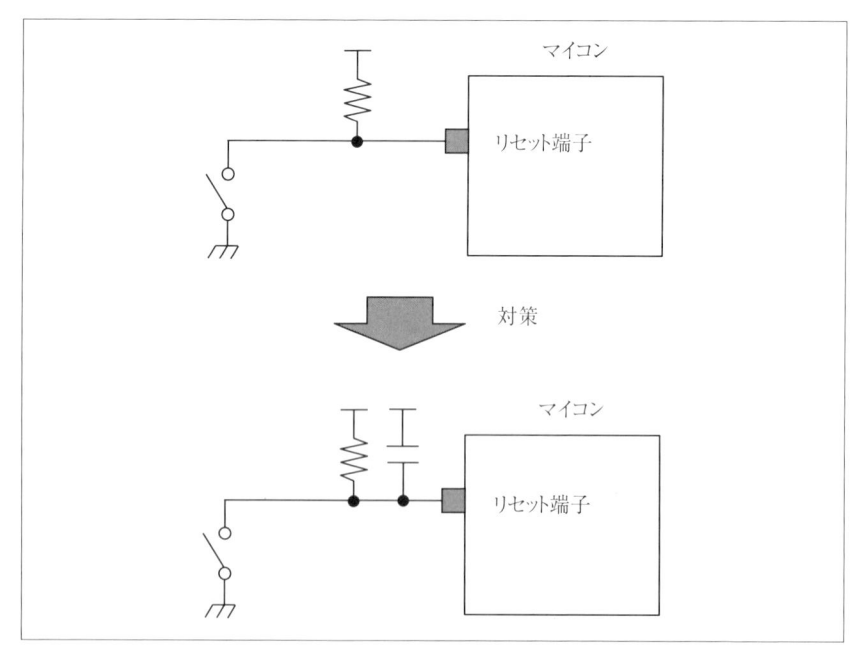

〔図 5-23〕リセット端子の電波照射対策例

かってしまう場合には、下図のようにリセット端子と電源間に容量部品を追加することで、改善が期待できる。ただし、その容量部品はマイコンの端子直近に挿入しないと効果が無くなるので、注意が必要である。もし、電波照射で I/O 端子の電圧レベル異常による不具合が発生し、容量部品の追加で対策できるとなった場合、基板変更が必要になってしまうので、予めプリント基板上に容量部品を入れられるようにフットパターンを設けておくのも一つの手だと考える。

　次に注意しなければならいない点は、隣接する配線との結合である。例えば図 5-24 の上図のように、発振 I/O 端子の配線に隣接して長い配線があった場合、その長い配線が電波を拾って、配線間の結合により発振 I/O 端子に高周波が重畳してしまい発振停止に至る場合がある。その場合には、図 5-24 の下図にように、隣の長い配線にダンピング抵抗を挿入すると高周波の重畳が抑えられ、発振停止を防げることもある。

　また、プリント基板のマイコン実装面だけでなく、図 5-25 の上図に示すように、別の層でも発振 I/O 端子の配線および発振用 GND を横切

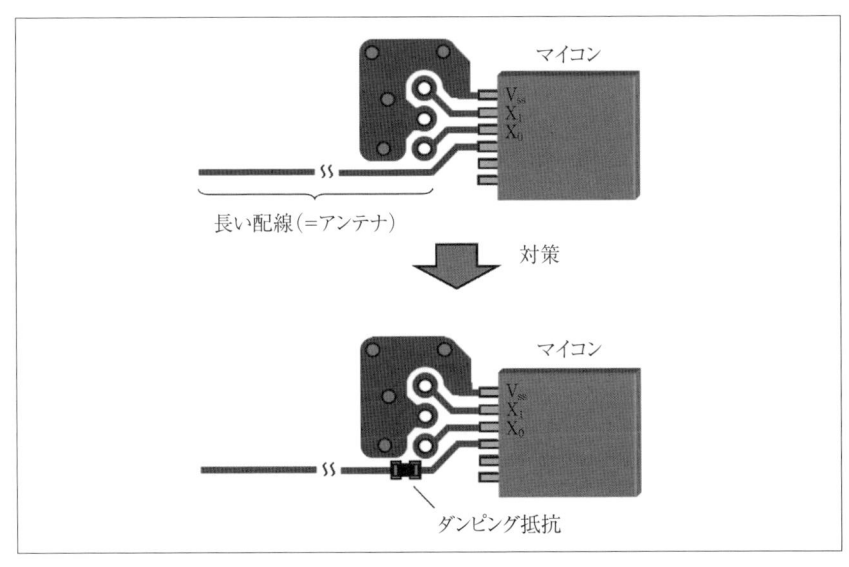

〔図 5-24〕発振回路の電波照射対策例 1

る配線があると、発振停止の要因となりうるので、図5-25の下図のように、それを避けた配線に変更することで改善が期待できる。

　以上が、電波照射試験に対するプリント基板上での対策例である。

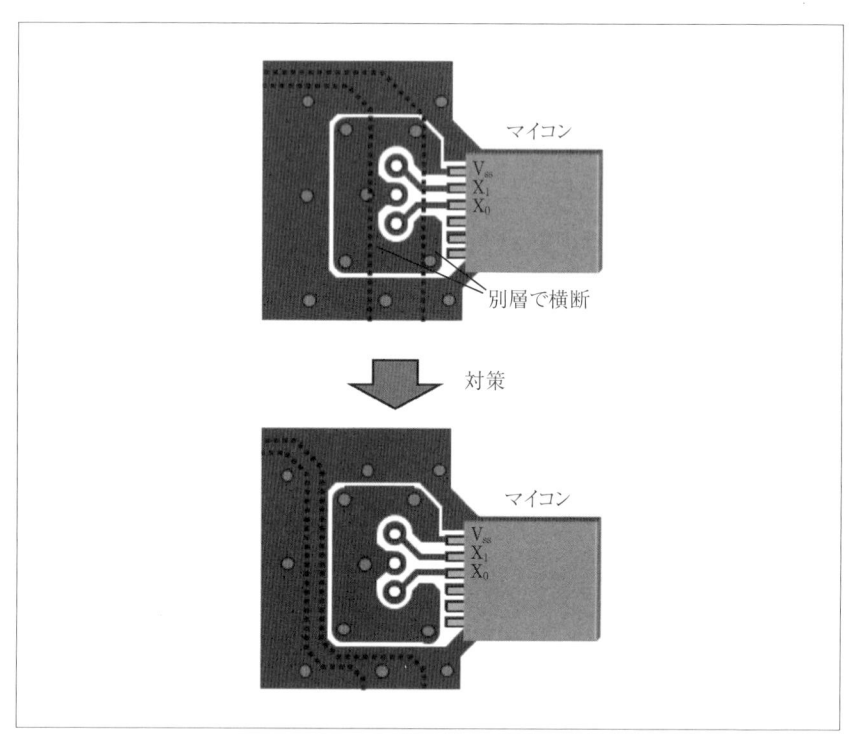

〔図5-25〕発振回路の電波照射対策例2

第6章

自動車などでも活用が見込める
空間電磁界測定技術

1. はじめに

EMC は、装置自身が発生する電磁波により他の装置を誤動作させない特性と、他の装置が発生する電磁波により装置自身が誤動作しない特性を合わせ持つ電磁両立性を意味する。EMC 分野の国際規格は、IEC（国際電気標準化委員会）規格と その特別委員会である CISPR（国際無線障害特別委員会）規格が 基本となっており、装置自身が発生する電磁波により他の装置を誤動作させる EMI（Electro Magnetic Interference）対策として行う "電磁妨害波を出さない" ことを確認するためのエミッション試験（Emission Test）、は、IEC/CISPR の国際規格をもとに制定された各国の規格によって定められた試験方法や規格値により行われる。この試験の結果、装置から規定値を上回る電磁波が発生している事が判明して対策が必要になった場合、近傍界測定を行い電磁波の発生状況を分析する必要がある。分析が確実で有効性が高い空間電磁界測定技術を紹介する。

２．近傍電磁界測定と遠方電磁界測定

　オープンサイトまたは電波暗室内で実施する放射性エミッション試験は、被測定装置と測定アンテナの距離によって3m法・10m法・30m法などの種類があり、何れも遠方界電磁波測定である（図 6-1）。

　この遠方電磁界測定の結果が規格値から外れて不合格だった場合、近傍界電磁波測定（図 6-2、6-3）を行い、ノイズの可視化により発生源を特定して EMI 対策を行う。

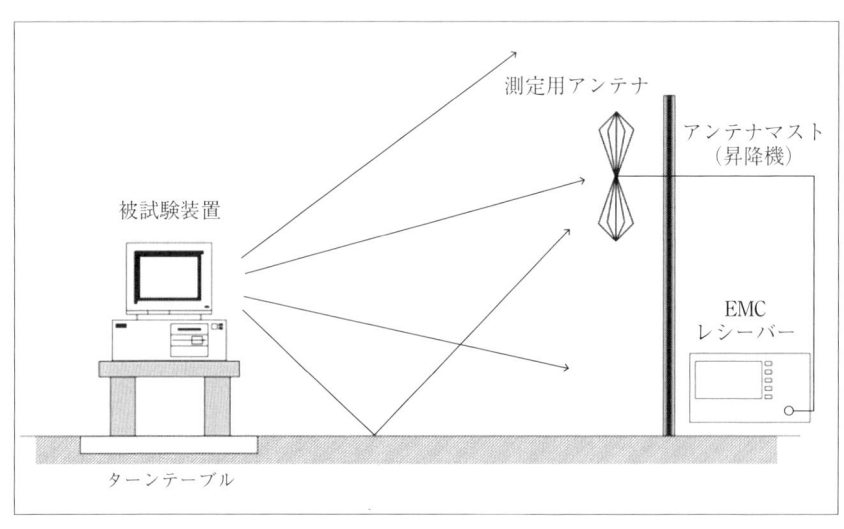

〔図 6-1〕放射性エミッション試験イメージ

〔図 6-2〕近傍界測定

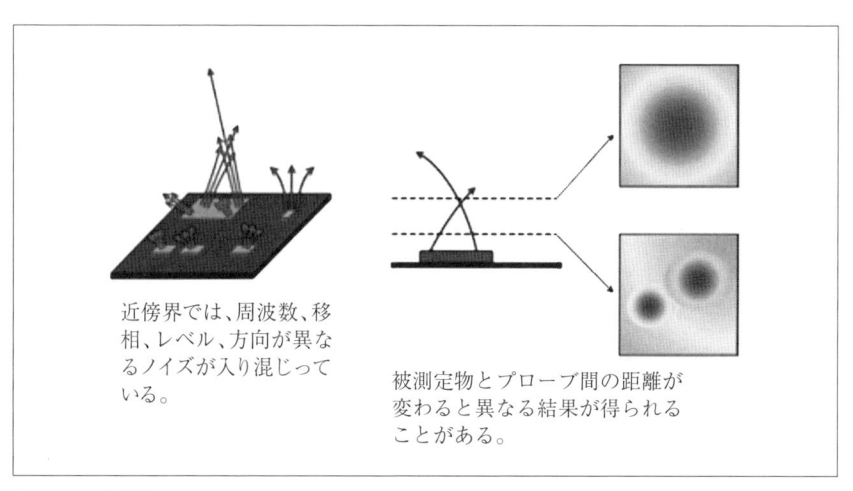

近傍界では、周波数、移相、レベル、方向が異なるノイズが入り混じっている。

被測定物とプローブ間の距離が変わると異なる結果が得られることがある。

〔図 6-3〕近傍界測定に於ける被測定物からの距離によるノイズパターンの違い

3．空間電磁界測定

　近傍電磁界測定のツールとして、電装基板の EMI 測定を行うスキャナ（図6-4）がある。この装置により電装基板の部品表面からの高さに応じて、磁界プローブ／電界プローブをスキャンする事により、近傍界ノイズを可視化して、EMI 対策の前後の定量評価を行うことができる。近傍界ノイズスキャナは、電装基板単体の評価には有効であるが、電装基板にケーブルが接続されて筐体に収納されると測定が難しくなる。このため、電装基板にケーブルが接続された状態、電装基板が筐体に収納された状態等の近傍電磁界評価を行うための有効な手段が空間電磁界測定である。

3－1　空間電磁界測定装置

　空間電磁界測定装置のステレオカメラは、モーションキャプチャカメラ 2 台を搭載しており、電磁界センサに取り付けられた光学マーカの三次元空間座標を記録する。電磁界センサーは空間電磁界を測定する。測定結果は解析ソフトウェアにより、PC 画面上に三次元空間可視化画像として表示される。

　空間座標毎にスペクトラムが記録されているため、スペクトラムの周波数領域と三次元空間上の座標を任意に変えて空間電磁界解析を行う事が可能である。

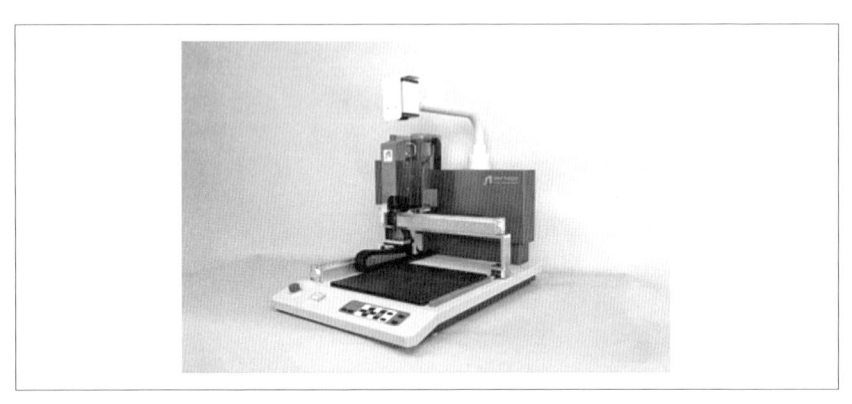

〔図6-4〕近傍界ノイズスキャナ

PC は空間に設定されたグリット（サイズ：$1mm^3 \sim 10cm^3$）各々のスペクトラムデータを三次元空間マップデータとして可視化してモニタに表示する（図6-5）。

３－２　空間電磁界測定装置の構成例

　空間電磁界測定装置は、ステレオカメラ、カメラ制御ユニット、センサ、PC、ソフトウェア、及びスペクトラムアナライザから構成されている（図6-6）。

　スペアナに接続されたセンサには三次元座標測定のためのマーカが取り付けられており、ステレオカメラはスペクトラム測定に同期してセンサの三次元空間座標データを PC に送る。

３－３　測定再現性

　EMC ノイズ発生場所の特定や EMC 対策の前後比較のため、同一の被写体を異なる時間帯に複数回測定する場合が多い。空間電磁界測定のために、電磁界センサの測定再現性と同時に、電磁界センサの空間座標を記録する三次元測定機としての光学的測定再現性が求められる。暗室測定から屋外測定まで、照度が異なる空間での測定が可能であることを始

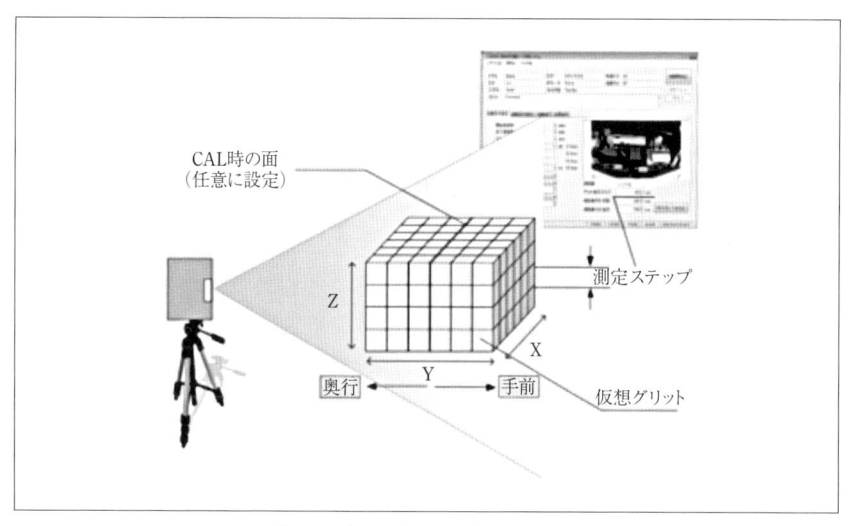

〔図6-5〕三次元測定イメージ

めとして、空間の様々な光学測定条件変化への対応が不可欠である。例えば、暗室以外の屋内測定に於いて EMC 対策前後比較を異なる時間帯に行う場合、照明の点灯・消灯・減光による照度変化、外光入射の変化による照度変化、背景色の変化等による光スペクトルの変化や光学外乱ノイズに対応できるかどうかで測定再現性が決定する。

　この装置は、ステレオカメラ（図6-7）により、センサに取り付けたマーカの位置をステレオ計測して、センサ中心の三次元座標を電磁界測定に同期して捉える。

　ステレオカメラとして使用している2台のモーションキャプチャカメラは、波長850nm の近赤外 LED ストロボ照明を内蔵しており、センサに取り付けた、マーカ（表面に 850nm を反射するコーティングが施されている）にストロボ発光による安定光を照射して反射光を捉える（図6-8）。

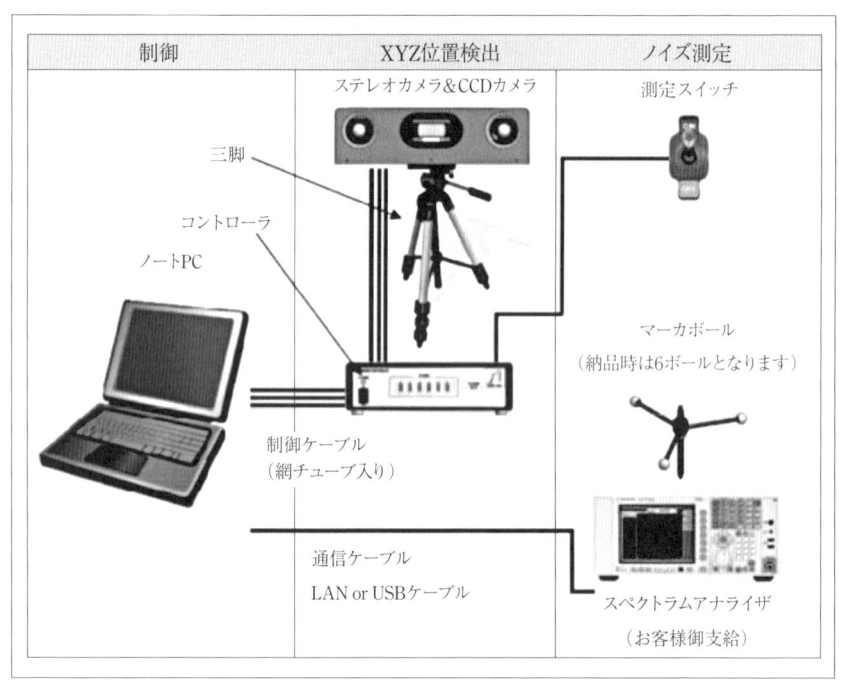

〔図6-6〕空間電磁界測定装置の構成例

3-3-1 光学的測定再現性

　ステレオカメラは、2台のモーションキャプチャカメラによりマーカを同時に撮影して撮影画像位置の違い（視差）から空間三次元座標を認識する。カメラ側から発光する 850nm の近赤外光は、750nm 以下の可視光と比較して直進性が高い。マーカ表面は再帰性の高い反射材でコーティングされており、カメラが照射する 850nm の近赤外光を正確に反射する。波長フィルタ付きのカメラは同期して空間上のマーカの空間画像をサンプリングする。キャリブレーションにより、カメラＡのセンサ面とカメラＢのセンサ面は空間上で定義される。カメラＡはX-Y

〔図6-7〕ステレオカメラ

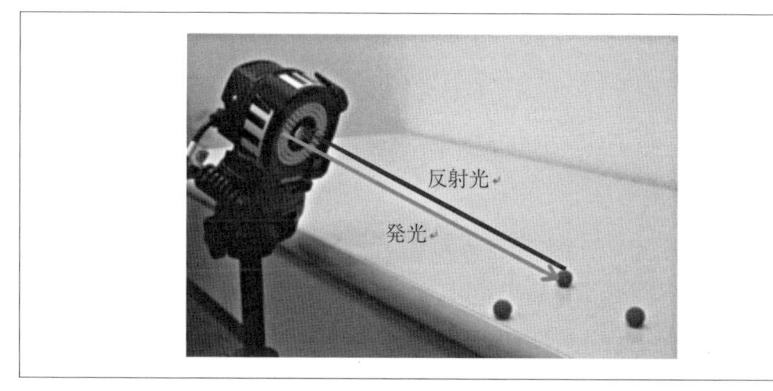

〔図6-8〕モーションキャプチャカメラ

座標を取得し、カメラ B はセンサ面上のエピポーラ線からカメラ A の
光軸上の空間座標を計算する（図 6-9）。
　比視感度（人の目が光波長の明るさを感じる強さを数値で表したも
の）は、明所で 555nm を中心として 400nm ～ 700nm である（図 6-10）。
比視感度に合わせた照明機器や背景色が多いため、屋内ではこの波長帯
域の光が多く、400nm ～ 700nm の測定波長帯域の光学測定は外乱光が

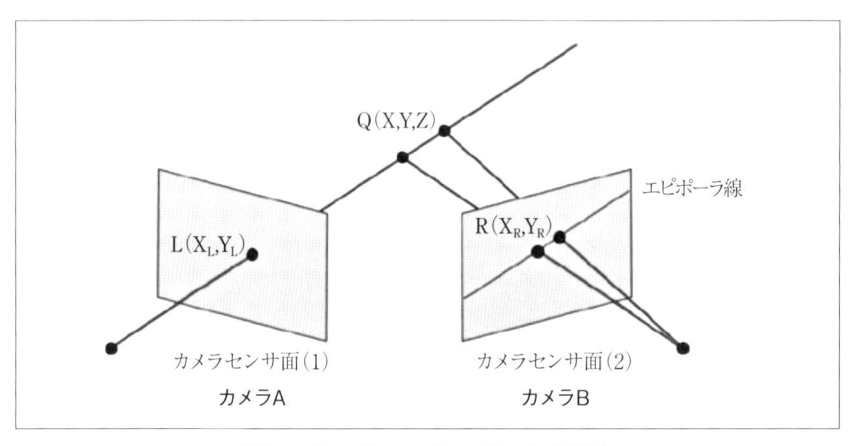

〔図 6-9〕ステレオカメラによる測定

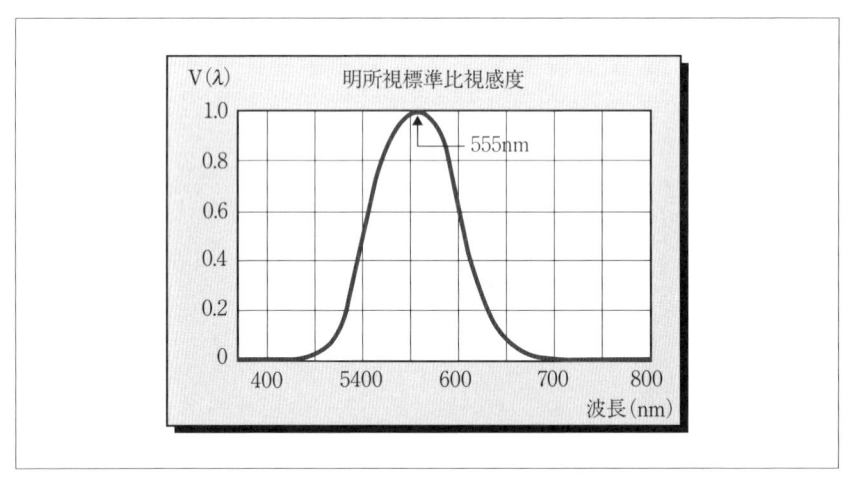

〔図 6-10〕明所視標準比視感度

多く測定再現性が得られない。

　屋外の太陽スペクトルも、人間の比視感度波長領域のレベルが非常に高いため、400nm ～ 700nm の範囲の光学測定は難しい（図 6-11）。

　モーションキャプチャカメラは、カメラ側から、直進性の高い 850nm の近赤外 LED 光を発光させてマーカに照射してマーカの空間座標を正確に記録する。LED 光は、レーザ光と比較すると、コヒーレンス（可干渉性）が低く光が散乱するが、ストロボ発光させる事により安定照射を可能にしている。この方式により、屋内、屋外ともに、測定再現性が非常に高いのが特徴である。

３－３－２　電磁界測定の再現性

　無指向性の空間電磁界測定は、X 軸、Y 軸、Z 軸各々の測定結果から二乗平均計算により測定値を求めるのが一般的であるが、簡易的に、無指向性の空間電磁界測定を行うセンサ（図 6-12）がある。測定再現性を確認するため、このセンサを EMC 試験サイトに持ち込み、G-TEM CELL（図 6-13）内にセンサを置き、G-TEM CELL 先端から +10dBm の電磁波を注入して、ファクターを測定した。

　センサーの無指向性を確認するため、G-TEM CELL 内の回転ステージ

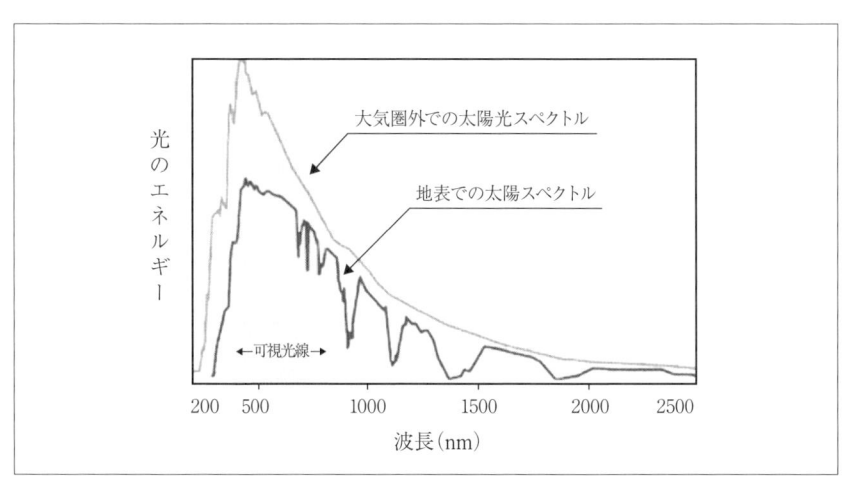

〔図 6-11〕屋外の太陽スペクトル

上にセンサを載せて、X 軸、Y 軸、Z 軸を中心に 360°回転して測定を行い、センサのファクターと感度を測定した (図 6-14、6-15)。センサの XY 平面、ZX 平面、ZY 平面の感度は円形を描いており、各々の平面の計測値もほぼ同様である事から、センサは、手動の空間スキャンによる角度ブレの影響を殆ど受ける事無く安定測定が可能である (図 6-16)。

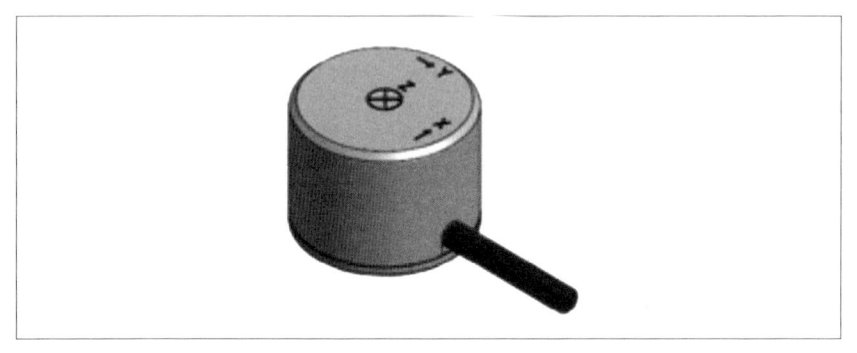

〔図 6-12〕センサ

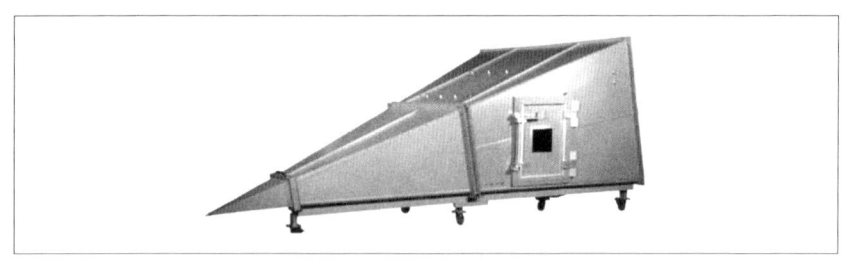

〔図 6-13〕G-TEM CELL

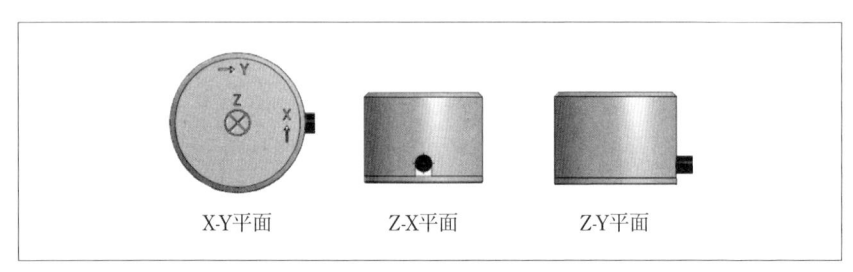

X-Y平面　　　　Z-X平面　　　　Z-Y平面

〔図 6-14〕センサの回転平面

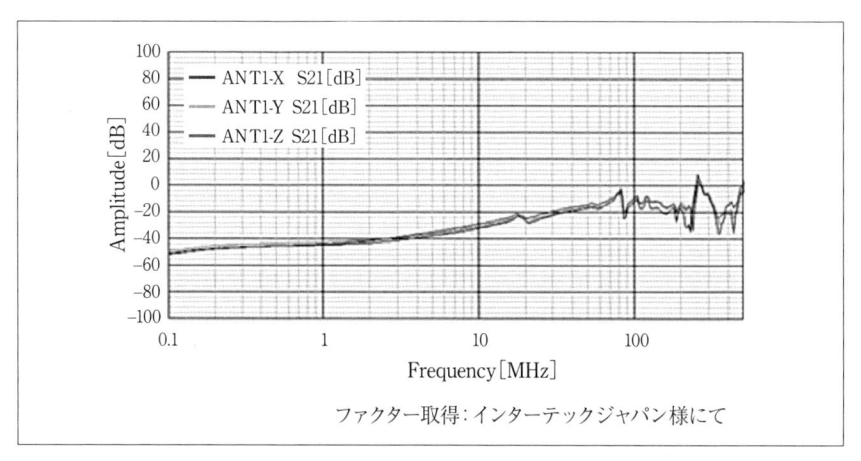

ファクター取得：インターテックジャパン様にて

〔図 6-15〕G-TEM CELL の中で測定したファクター

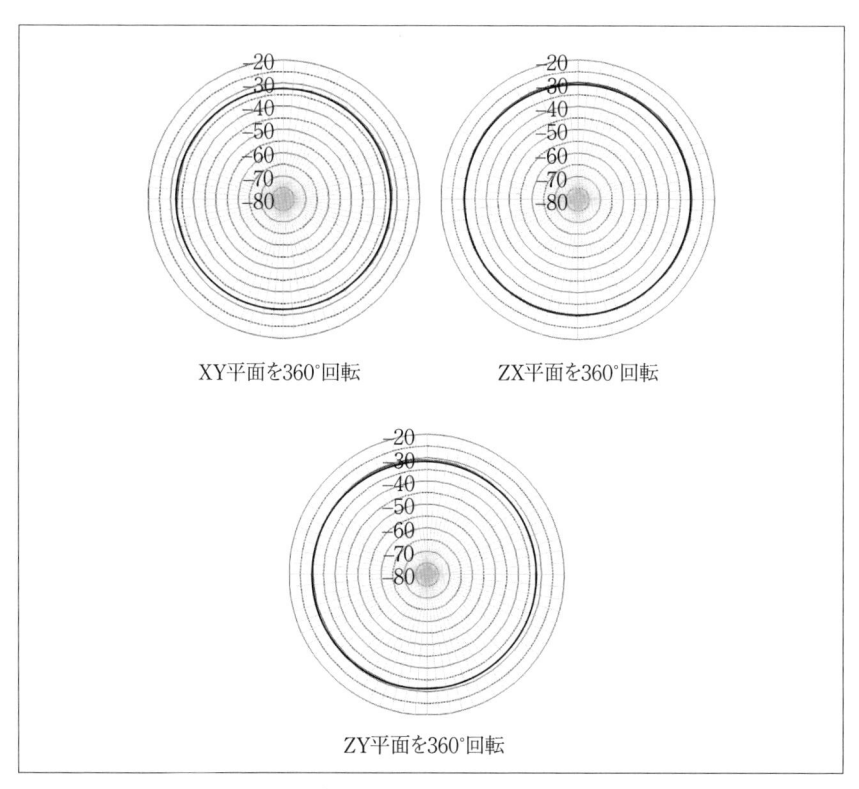

XY平面を360°回転　　　ZX平面を360°回転

ZY平面を360°回転

〔図 6-16〕3 軸平面を 360°回転させた時の 10MHz の感度を太線で表示

3－4 空間電磁界分布の可視化

　三次元電磁界可視化ソフトは、被写体の写真上に電磁界ノイズマップを表示する。

　設定した、三次元空間のグリットサイズに合わせて表示し、奥行方向の各々のプレーンのノイズズマップ表示、三面図表示、及び三次元表示及び、設定した周波数領域を狭めて任意の周波数帯域のノイズマップ表示が可能である。可視化データは、Viewer ソフトのインストールにより、測定 PC 以外の PC でも解析を行う事が可能である（図 6-17 ～ 6-19）。

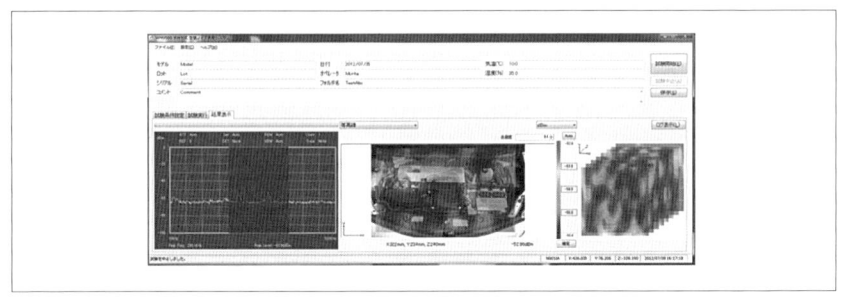

〔図 6-17〕測定結果表示画面

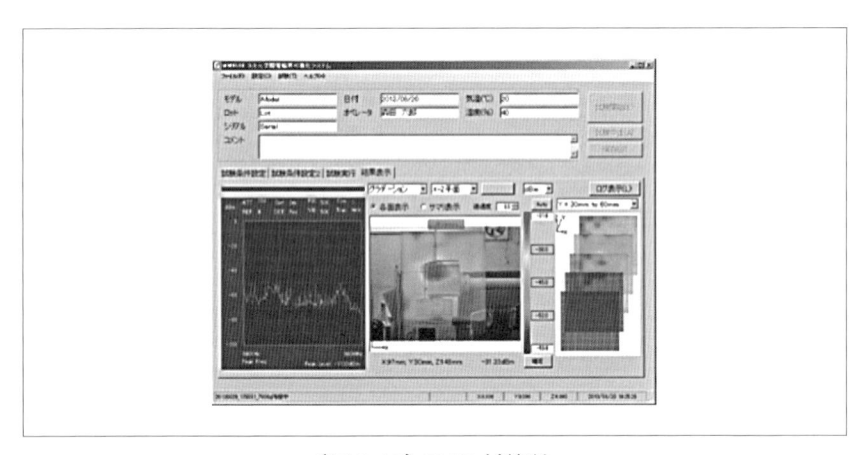

〔図 6-18〕EMC 対策前

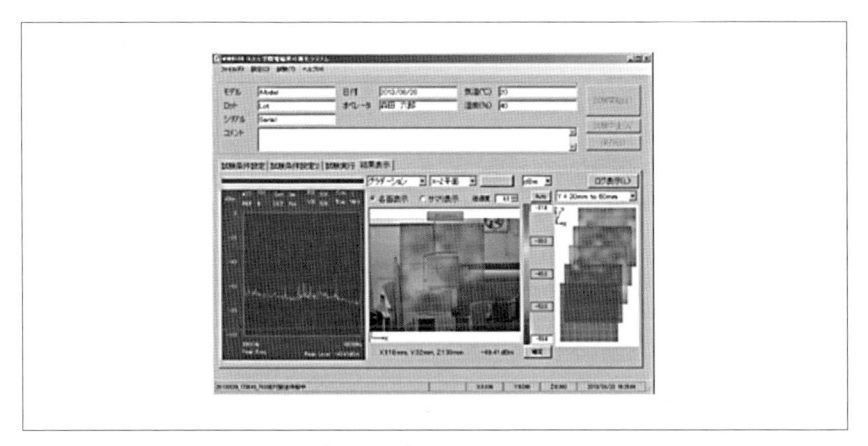

〔図 6-19〕EMC 対策後

4．空間測定の応用

　電磁界センサを他のセンサに変える事により、電磁界以外の空間測定が可能になる。その一例として、サウンドセンサ（図6-20）がある。サウンドセンサを使用すれば、空間の音圧分布の測定及び可視化が可能である。

　従来の騒音測定用の音圧センサは広範囲の音圧を測定する事を目的としているが、口径の小さいサウンドセンサは、音の発生源の特定を可能にする（図6-21）。

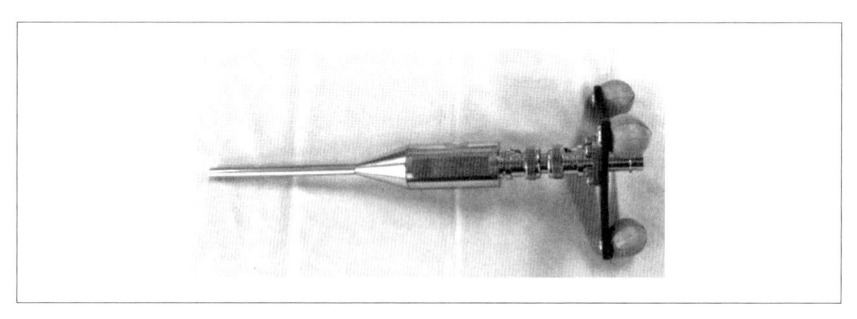

〔図6-20〕サウンドセンサ

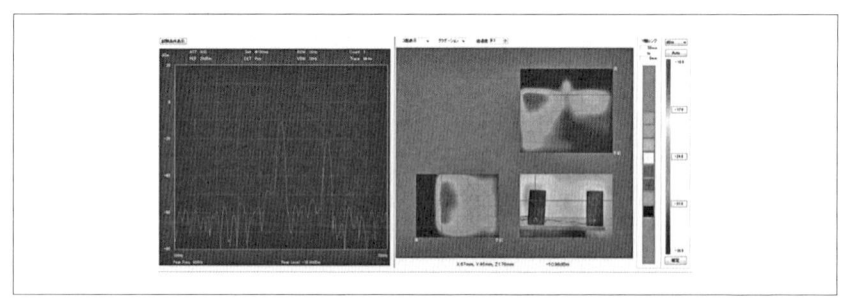

〔図6-21〕空間音圧分布画像

5．あとがき

　電装基板のEMCノイズ対策にはノイズスキャナによる近傍界電磁波測定が有効ですが、完成品の遠方電磁界測定の結果が、規格値外で不合格となった場合には、装置全体の近傍界空間電磁界測定が有効です。

　EMC改善対策プロセスは簡単ではないため、複数の改善対策を行いその結果を測定して可視化比較を行う必要があります。このため時間帯の異なる測定データの空間電磁界測定の再現性が得られないと改善が困難になります。

　再現性の高い空間電磁界測定には、電磁界センサの測定再現性と同時に、センサの空間位置座標を記録する光学三次元測定装置の再現性が求められます。モーションキャプチャ技術を使用した装置は、セットアップも簡単なため大変使いやすいものです。測定再現性の良い近傍界空間電磁界測定技術により電磁波環境が改善される事を願っております。

第7章

自動車、バス向けワイヤレス給電
自動車の無線電力伝送技術とEMC

1．はじめに

　近年、地球温暖化や PM2.5 に代表される大気汚染および化石燃料枯渇の問題に対処すべく自動車メーカーからは従来の内燃機関に代わるクリーンな電気自動車（EV）や電気バス、プラグインハイブリッド自動車（PHEV）が発売されているが、搭載しているリチウムイオン電池のエネルギー密度と充電性能が満足できるレベルまで到達できておらず、本格的な普及には未だ至っていない。EV の普及には充電システムの普及が不可欠であるが、現在広く使われている接触式充電システムには幾つかの課題があり、それを解決する手段として大電力を安全、容易に充電できる各種ワイヤレス給電システムの開発が進んでいる。

　ワイヤレス給電システムにも幾つか課題はあるが、その中でもワイヤレス給電は電磁波を使用するので、その電磁波の放射による EMC の抑制が必要とされている。

　本章では自動車用のワイヤレス給電システムの開発の現状と、その電磁環境について述べる。

2．ワイヤレス給電の原理と事例

　充電装置において、地上に置かれた電源装置から車両に電力を供給するコネクタ部のプラグとレセプタクルの組み合わせを充電カプラという。充電カプラは通電方式から、接触式と非接触式に大別される。接触式は金属同士のオーミック接触を用いて電気的に伝送するものであり、非接触方式とは一般的にはコイルとコイルを向かい合わせ、その間の空間を介して電磁気的に通電させて伝送するものである。図 7-1 にワイヤレス給電の各方式の伝送電力と伝送距離を示す。

　伝送電力と伝送距離の点から、現在、実際の EV 用などに開発されているワイヤレス給電方式は①電磁誘導式、②無線（マイクロ波）式、③磁界共鳴式の 3 方式である。

2－1　電磁誘導式

　1831 年に英国の Michael Faraday が磁気の変動から電気が発生することを見出した。静止している導線の閉じた回路を通過する磁束が変化すると、その変化を妨げる方向に電流を流そうとする電圧（起電力）が生じるという、変圧器の基本原理であるファラデーの電磁誘導法則の発見

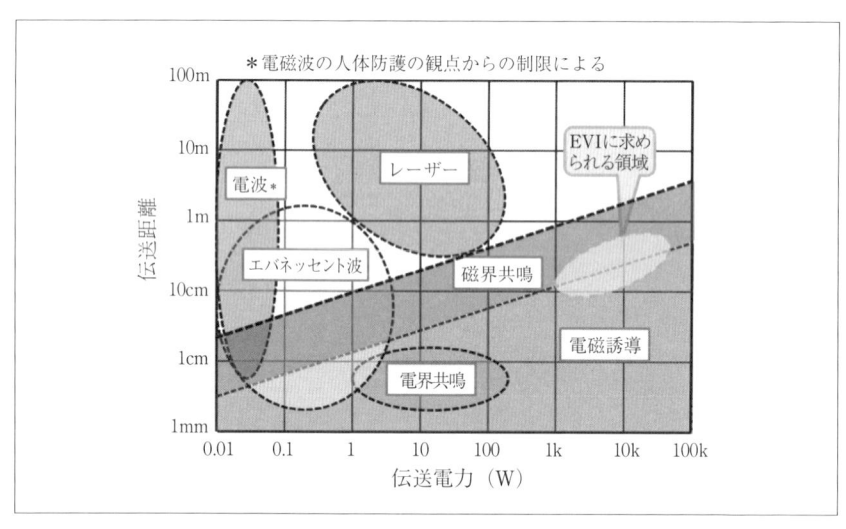

〔図 7-1〕各方式の伝送電力と伝送距離

である。この電磁誘導の原理に基づき対向させたコイルと磁束収束用の磁性体を用い、送受電コイル間に共通に鎖交する磁束を利用するワイヤレス給電システムは、図7-2に示すようにギャップのある変圧器である。

1次コイルに交流電流を流すとコイル周囲に磁界が発生、1次／2次コイルを共通に鎖交する磁束により2次コイルに誘導起電力が発生する。理想的な変圧器では1次コイルの磁束はすべて2次側に伝えられる。この場合の両コイルの磁束伝達度合い ϕ_2/ϕ_1 を示す結合係数kは1である。しかし、非接触化のためギャップがある場合には漏れ磁束が発生、kは1よりも小さくなる。この漏れ磁束が変圧器の1次／2次側の自己インダクタンスにそれぞれ直列に接続された漏れインダクタンスとして、チョークコイルと等価な働きをする。

つまり、変圧器として働く励磁インダクタンスは自己インダクタンスのうちのk倍で、残りの部分は漏れインダクタンスになる。そのため、ワイヤレス給電は変圧器に比べ励磁インダクダンスが小さく、漏れインダクタンスによる電圧降下が大きいシステムと言える。そこで、電力を効率よく伝達するために、1次側の周波数を数10kHzの高周波にして2次誘起電圧を上げたり、コイルのインダクタンスにコンデンサを並列や直列に接続した共振回路を用いる。

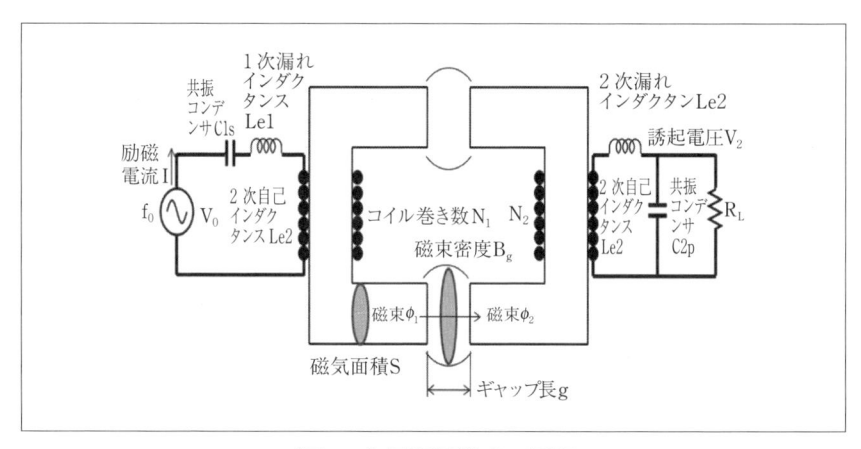

〔図7-2〕電磁誘導式の原理

　電磁誘導式システムは、地上側システムとして商用周波数から電磁誘導に必要な高周波を発生させる高周波電源装置、1次コイル、高周波電源装置から1次コイルまでの送電ケーブルとインピーダンス調整用のキャパシタボックス、それに車両側システムとしては2次コイルと共振コンデンサ、高周波を直流に直す整流器、バッテリーマネジメントシステムと地上側の高周波電源との間で制御信号をやりとりする通信装置から構成される。高周波電源装置の内部は、商用電源を直流に変換するAC/DCコンバータ、高周波（方形波）を出力する高周波インバータ、サイン波に変える波形変換回路、安全対策のための絶縁トランスで構成されている。

　EV用のワイヤレス給電システムとして最初に挙げられるものは1980年代に米国で行われたPATHプロジェクトで、道路に埋め込んだケーブルを通る高周波電流による電磁誘導で走行中の車両に給電するシステムであるが、実験は成功したものの漏れ磁束が大きく実用には至らなかった。1995年フランスのTulip計画において、PSAが発案したワイヤレス給電システム付きのEVを用いた実証試験が実施された。図7-3に示すように地上に設置した送電コイル上にEVが跨り、車両底部の受電コイルとの間で給電すると共に、通信システムで充電制御を行うと言う、現在のものとほとんど変わらないワイヤレス給電システムが採用されたが、出力が小さく電磁漏洩が酷かった[34]。

　1997年フランスのCGEA社およびルノー社がパリ郊外Saint Quentin en Yvelines市で実験を行ったPraxitèleシステムは床下につけた低周波トランスによるワイヤレス充電で、電磁放射は少なくなったが、効率が悪く車両の位置決めが難しいという課題が克服できなかった。

　製品化されたものとしてはドイツWampfler社（現在はConductix-Wampfler社）の30kWの大電力用Inductive Power Transfer（IPT）があり、欧州では2002年からイタリアのTurin市などの電気バス用として数十台が採用され、日本でも日野自動車のIPTハイブリッドバスや早稲田大学の先進電動マイクロバス（WEB-1）などに採用され、充電操作が安全、容易なワイヤレス給電を使って短いサイクルで充電を行うことによ

り、必要最小限の小さな電池でも走行距離を確保しつつ、少ない初期投
資、車両重量が軽くなることでの省エネと Well to Wheel ベースの CO_2
排出量減少が確認できた[35]。

そこで、早稲田大学は昭和飛行機工業らとともに、電動バス用
Inductive Power Supply system（IPS）を 2005 年から 4 年間、新エネルギー・
産業技術総合研究開発機構（NEDO）の委託を受けて開発した。IPT と同
じ 30kW、22kHz の仕様で開発した IPS は、コイル形状やリッツケーブ
ルなどの最適化により、コイル間ギャップを 50mm から 100mm に増加、
商用電源から電池までの総合効率を 86% から 92% に改善した。また、
2 次側コイルの重量や厚みを半分にするなど小型、軽量化がはかられて
いる[36]。その後、コイル間ギャップを 140mm に増加することで、図 7-4
のように 1 次コイルを地面と面一に埋め込み、長野市で 2014 年 3 月ま
での 3 年間、WEB-3、WEB-4 の 2 台のワイヤレス給電式電動バスを用

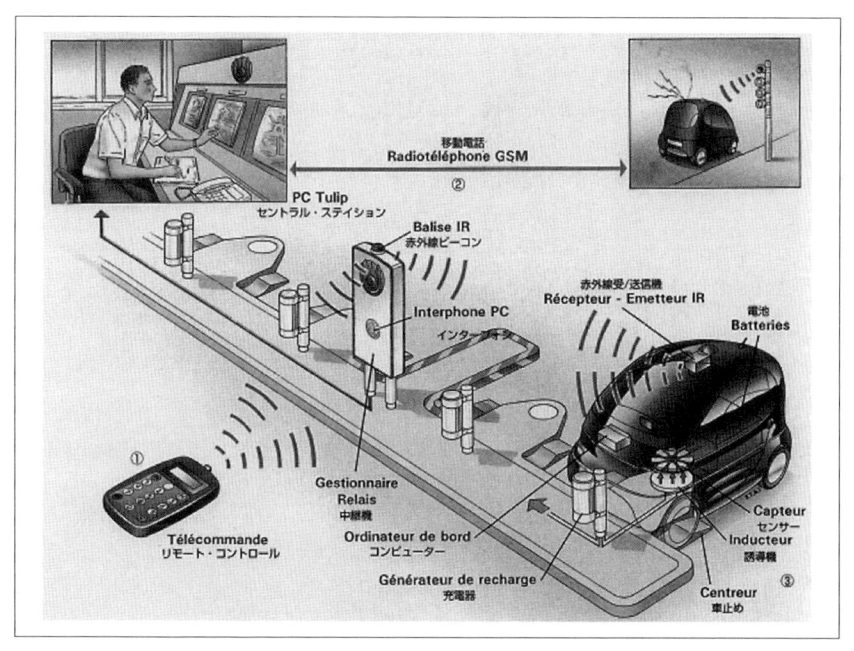

〔図 7-3〕Tulip 計画のワイヤレス給電システム

いて日本初の有料実証運用試験を実施した。運用が始まってワイヤレス
給電装置設置許可が総務省から下りるまでの半月間、車外に出て接触式
充電システムの重くて堅いケーブルをハンドリングしながらコネクタの
脱着を繰り返した運転手からは、雨や寒い雪の最中でも1次コイルの上
にバスを止め、室内でタッチパネルを押すだけで給電のON/OFFができ
るワイヤレス給電の利便性が高く評価された[37]。

　海外では2014年1月、三井物産はArup社と組んで英国Milton
Keynes市の1路線、全8台のバスをワイヤレス給電式のバスに置き換
えて毎日17時間、計5年間運行し、商業化に向けたデータの蓄積を行
うことになった。ワイヤレス給電システムはConductix-Wampfler社の子
会社IPT Technology社の120kW、20kHzのIPTを3か所のターミナル
に設置してバスを充電し、片道約30kmの路線を走らせる。しかしなが
らコイル間ギャップが50mm程度と小さく、Turin市の場合と同じよう
に充電時に懸架装置を使って車両側の2次コイルを図7-5のように1次
コイルの上に降ろすシステムを採用している。これには、高価な懸架装
置を車両台数分用意する、コイルの昇降のため大事な電池のエネルギー
を消費する、コイルの昇降時間分だけ充電時間が短くなる、機械的な懸
架装置のメンテナンス費用が掛かるなどの課題があるが、ギャップが小

〔図7-4〕地面に埋め込まれたコイルと WEB-3

さくなることでk値が大きくなり、漏れ磁束の減少により空中への電磁放射が少なくなってEMC的には楽になる、コイルが小型になるというメリットもある[38]。

　現在、開発中の普通乗用車用のものとしては、国内では日産自動車が出力3.3kwで150mmのギャップを隔て80〜90%の効率で送電できるものを2014年頃にインフィニティEVへの標準搭載を目差し、パイオニアは出力3kW、ギャップ100mm、周波数85kHzで効率85%のものをプリント基板コイルで実現している。パナソニックも2013年にギャップ100mm、周波数85kHzで3kW出力のシステムを発表している。欧州では2011年にAudi社がAudi Wireless Charging（AWC）という出力3.6kWのものをA2 Conceptに搭載、SEW-EURODRIVE社が出力3kW、効率90%以上のものを、2012年にVahle社が出力3.6kW、効率90%以上のものを発表している。2013年VolvoはC30 Electricに対して1次コイル出力を20kWにして急速充電をすることを考慮に入れたものを発表している[39]。米国では2012年Qualcomm Halo社が一般乗用車向けに3.3kW出力、コイル間の許容位置ずれ15〜20cmで送電効率は80〜85%というシステム、大型車や商用車向けの7kW、急速充電用の20kWという3つの出力のシステムを発表していて、当時の周波数は40kHzであったが、今後は85kHzにするとしている[40]。2013年にEvatran社がBosch ASS社と組んで米国で日産リーフを対象にした出力3.3kW、ギャップ7〜15cm、効率91.7%のPlugless L2 Electric Vehicle Charging Systemを3000US$とい

〔図7-5〕1次コイル上に降りた2次コイル

う安さで発売、Bosch ASS が車両搭載の作業を行う[41]。

　グローバルな EV 用途へのワイヤレス給電システムでは仕様の標準化が必要であり、上記のような動きを受けて IEC/ISO を中心に日米欧で標準化が進められていて、周波数はほぼ 85kHz 帯に絞られ、その他のものも 2015 年にはまとまる可能性がある。

　※ EV 用ワイヤレス給電システムの規格は、IEC 61980-1 が 2015 年 7 月に IS として発行されています。その他、IEC 61980-2、IEC 61980-3、IEC/ISO 15118-6,7,8、ISO 19363、SAE J2954 などもご参照ください。

２−２　無線（マイクロ波）式

　遠方にまで伝搬する電磁波の存在は 1861 年に英国の James Maxwell が予言、1888 年ドイツの Heinrich Hertz が火花放電により遠くの受信リングの間隙に火花が生じることで実験的に証明した。この遠方にまで伝搬する電磁波を利用するのが無線式である。1901 年に米国の Nikola Tesla が電波塔から 300kW の電力伝送実験を行ったが、150kHz と周波数が低すぎて電磁波が拡散、失敗した。無線電力伝送が可能になったのは、大電力のマイクロ波送信を使うレーダーが開発された第 2 次世界大戦以降である。1964 年に米国の William Brown が 2.45GHz 帯のマイクロ波電力を、自身が発明したレクテナ（rectenna）で受信、直流に変換して電力伝送ができることを実証した。レクテナは rectifying antenna の略で、格子状に配置されたアンテナエレメントで受けたマイクロ波のエネルギーを、順方向電圧降下が少ないショットキーバリアダイオードで直接、直流に変換するアンテナである。1975 年に米国ジェット推進研究所が直径 26m のパラボラアンテナから 450kW のマイクロ波を送電、1.54km 離れた 1.16m×1.2m のレクテナで 30kW の電力受電に成功した[42]。電磁波は距離により拡散するので、拡散した無線電力を収集するためアンテナを大きくする必要があり、EV などのモバイル用途としては大きさの制約が出てくる。導体で囲われた閉鎖空間では電磁波の拡散がないため、空間放射よりも高密度、高効率にマイクロ波を伝送できる。この方法で、2006 年に京都大学と日産自動車が EV にマイクロ波給電システムを搭載した。電波源として電子レンジ用の安価なマグネトロン 5 本で計

1kW の電力を放射、81 素子のレクテナアレイで受電したが、効率が低く最大 90W しか得られなかった[43]。

　三菱重工業は 2006 年から 3 年間、NEDO の委託を受けて、図 7-6 の EV 用マイクロ波ワイヤレス給電システムを開発、効率向上のため、6.6kV の商用電源を直接整流してマグネトロン用 6.6kV 直流電圧を得たり、マグネトロンを水冷して発熱を回収、給湯に利用するなどエネルギー効率を高めたが、EV に 1kW の給電ができたものの総合効率は 38% と低かった[44]。

　2012 年、Volvo が日本電業工作と共同で図 7-7 のようにトラックの上部から走行中給電をするシステムを目指して 10kW の電力を 4m 離してマイクロ波送電を行うことに成功したが、人体への電磁放射の安全性検証の問題もあり、まだ電波暗室内でのレベルである[45]。

2－3　磁界共鳴式

　2007 年に米国 Massachusetts Institute of Technology（MIT）の研究チームが、2m 離れた距離で 60W の電力を送ることに成功したことで磁界共鳴式が一躍注目を浴びるようになった。

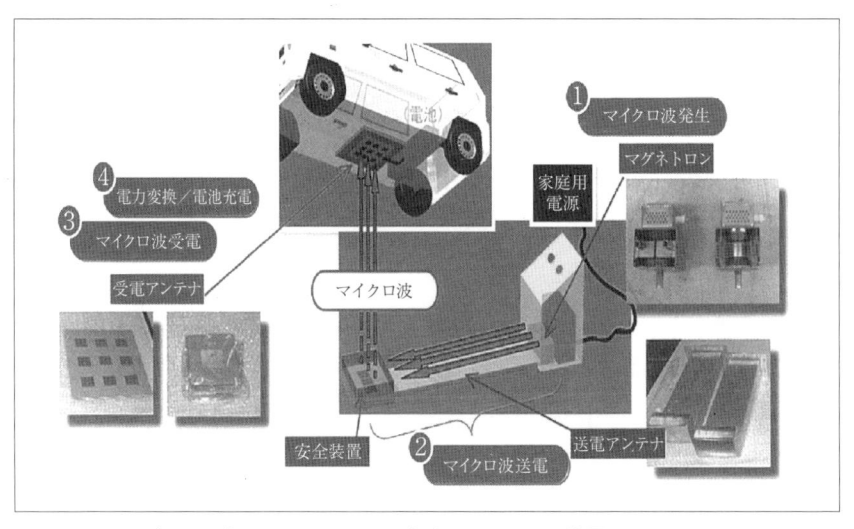

〔図 7-6〕EV 用マイクロ波式ワイヤレス給電システム

　図7-8にMITが発表したシステムの概要を示すが、送信側と受信側のコイルを高Qにして磁気的に同じ周波数でLC共振させ、空間に蓄積される磁気エネルギーを通して電力伝送をする磁界共鳴の技術を活用していて、その基本原理は新しくはないものの、給電方式としては新たな方式といえる。送電側コイルから放射される磁束を直接受電側コイルに鎖交させれば前述の電磁誘導式となるが、送信側の磁束が受信側にほと

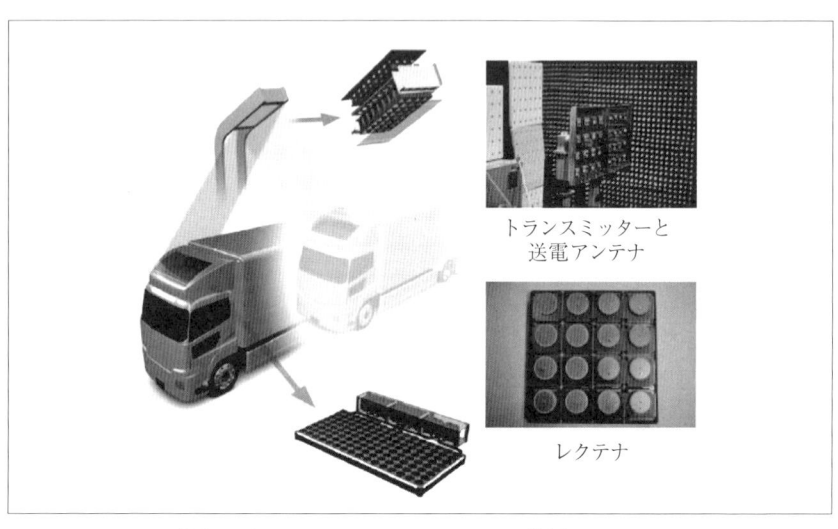

〔図7-7〕トラックへのワイヤレス給電システム

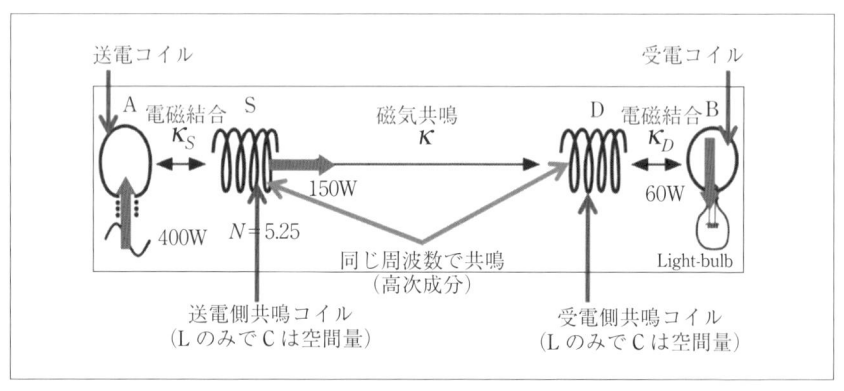

〔図7-8〕MITが発表したシステムの概要

んど鎖交していない k が 0.01 以下となるようにコイル間距離を十分に離した状態で、磁界共鳴式は電磁誘導式とほとんど同じシステムを使いながら送受電コルサイズと空間波長、空間磁界分布をうまく制御してエネルギーを伝送している。そのため伝送量を確保するためにコイル形状、サイズ、波長、伝送距離に一定の制約が生まれ、その制約条件が崩れると共鳴が起こらず電力伝送ができない。アンテナのインダクタンス（L）と静電容量（C）による LC 回路として共振する周波数の交流電力を送信側アンテナに印加すると、その周辺に振動磁場が発生し、共鳴現象によって数波長以内の距離にある受信側アンテナに電力が伝わる。すなわち共鳴方式の電力伝送は「近接場」の共鳴を利用するもので、電磁誘導式と比較して利用する磁場がずっと弱く、それでいてより長い距離を伝送できる。また、非放射型の共鳴方式は遠方に電磁波の形で流出するエネルギーが少ないため、放射電磁波を使用するマイクロ波式に比べ電力の伝送効率が高く、二つのアンテナコイルの間に障害物があっても利用可能である。

　MIT が開発した技術の商業化を目的に 2007 年に設立されたベンチャー企業の米国 WiTricity 社は、周波数 145kHz、ギャップ 20cm、効率 90% で 3.3kW を伝送できる製品化を進めていて、デルファイオートモーティブやトヨタ、IHI、三菱自動車、TDK など多くの会社と技術提携している。IHI はギャップ 180mm、水平方向位置ずれ±200mm で 85% の効率を持つ 3.3kW 出力ものを三菱自動車 iMiEV に搭載したり、2013 年から千葉県でプジョー ION を使い、2014 年からは埼玉県で図 7-9 のようにホンダのフィット EV を使って、2kW 出力のものを搭載して実証試験を行っている [46]。

　TDK は WiTricity と技術提携をする以前の 2012 年に独自に出力 3kW、ギャップ 15 〜 20cm、効率 80 〜 90%、位置ずれが 20cm 以下であれば充電可能と言うシステムをシボレーボルトに搭載、また急速充電を考慮した非常に小型ながら 20kW を効率 80 〜 90% で伝送できるものの開発も行っている。2013 年に住友電工がソレノイド型コイルでギャップ 140mm ± 30mm、周波数 85kHz で 10cm 程度の位置ずれロバスト性を持

つ 3kW 出力のものを発表している [47]。

　トヨタ自動車は、PHEV や EV 向けの周波数 85kHz、出力 2kW のワイヤレス充電システムを開発、2014 年 2 月から愛知県内の PHEV 所有者の自宅などで 3 台の車両を使い 1 年間の実証実験を開始した。電磁波による周辺機器などへの影響抑制、送電側コイルは車両の乗り上げに耐えられる構造にするなど実用化を視野に入れた設計を施すとともに、最適な車両の位置合わせをガイドするために、駐車場に設置した送電側コイルの位置をナビ画面に表示する駐車支援機能も盛り込んだ。これらによる充電システムの満足度や利便性、駐車の位置ずれ量の分布、充電頻度などを検証し、ワイヤレス充電システムの実用化に向けた技術開発に生かす計画である [48]。

　また、デンソーは 2010 年から経済産業省が推進している「次世代エネルギー、社会システム実証プロジェクト」の一環として 2014 年 2 月から 12 月までセブンイレブン豊田市上野町店での集配作業の間に、駐車スペースに設置した 4.5kW の送電コイルからヤマト運輸の配送車の床下に設置した受電コイルに 250 ～ 300mm のギャップ、効率 85% でワイヤレス送電をし、集配作業などの間に配送車がアイドリングストップしていても、配送車の電動式冷凍機を駆動できるようにした（図 7-10）。周波数は実証期間が短いため、総務省への設置申請が不要な 9.5kHz にしている [49]。

〔図7-9〕磁界共鳴式のワイヤレス給電システム

〔図7-10〕配送車へのワイヤレス給電

3．EV 用ワイヤレス給電の課題

3－1　電磁放射

　ワイヤレス給電は電力伝送に電磁波を使うため、使用に当たっては電波法等の規制を受ける。電波法上、電波は 0Hz 以上 3THz までの電磁波を指すが、わが国の電波防護指針において管理される電波は 10kHz 以上 300GHz までである。ワイヤレス給電はエネルギー供給のために必要なワイヤの制約から解放されるメリットの反面、空間に放出される電磁界のエネルギーによる電磁環境が他のシステムに影響を及ぼす可能性が存在するため、電磁両立性（EMC）の確立が課題である。EMC は狭義には無線通信や電子機器への干渉の問題であるが、広義には人体への影響（生体 EMC）の問題も含まれる。図 7-11 に示すように電磁波の生体への影響は、電離放射線は遺伝子レベルで大きな損傷を与えるが、可視光線から紫外線の領域では光化学作用、可視光線の長波長領域から赤外線、電波領域では刺激作用と熱作用である。

　電磁界利用において、生体 EMC は重要な問題である。電磁界の生体安全性については、人体曝露に関する防護指針を満たすように、世界各国で法制化されている。電磁放射に対する人体防護は我が国では総務省

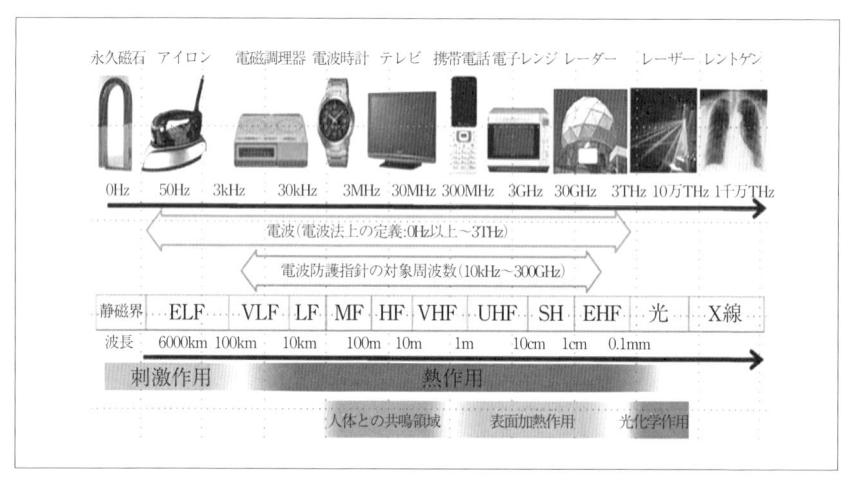

〔図 7-11〕電磁波による生体への影響

の電波防護指針にも示されているが、一般的にはWHOが推奨する国際非電離放射線防護委員会（ICNIRP）のガイドラインに従い、使用周波数ごとのガイドライン数値以下にする必要がある。中型PHEVバスの床下に周波数22kHz、50kW出力のワイヤレス給電システムを搭載し、充電時のバス車内外での磁界測定をした結果を図7-12に示す。磁界の最大値は車外のコイル真横の地上6cmの高さにおいて1.324μTとなり、1998年のICNIRPのガイドライン値6.25μTよりも十分小さい値であった[50]。

　電磁放射による電磁干渉については、電波法上、ワイヤレス給電システムは高周波利用設備として、電波法第100条2項と電波法施行規則第45条3項により10kHz以上の高周波電流を利用して出力が50Wを超えるものは各地の総合通信局に設置許可申請を提出して許可を受ける必要がある。申請に当たっては無線設備65条2項に規定されている使用周波数450kHz以下の輻射電界強度が、100m電界規制値で1mV/m以下、かつ高周波出力が500W以下の場合は30m電界規制値が1mV/m以下、500W以上の場合は30m電界規制値が1mV/mを超えない範囲で$\sqrt{(P/500)}$（Pは装置の出力W）を乗じた値以下の数値を満足している必

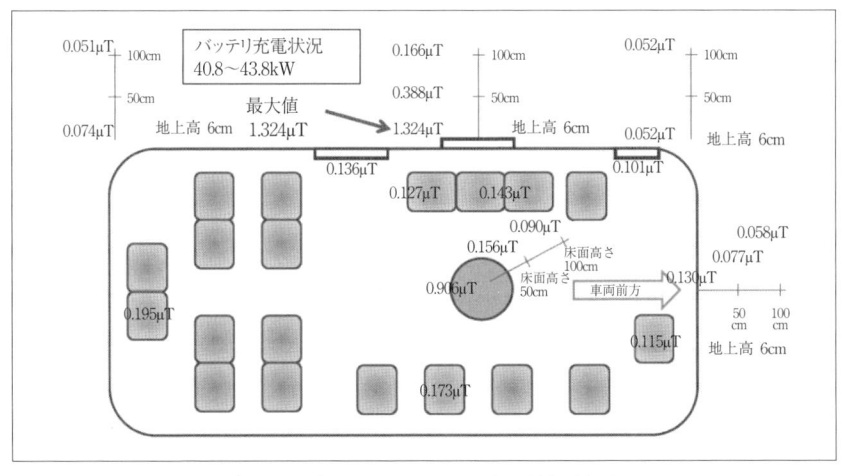

〔図7-12〕電動バスでの磁界計測結果

要があることは衆知である。しかし、ワイヤレス給電システムから30m あるいは100m 離して電界値を計測できる電波無響室はなく、一般の野外の敷地境界内で計測を行うと周囲環境からの電界によるバックグラウンドノイズが乗り、正確に計測することが難しい。そこで電波無響室内にて3m もしくは10m の距離で電磁界測定を行い、それを30m と100m 電界規制値に換算することで結果を得ている。

　周波数20kHz、10kW 出力のワイヤレス給電システムを電波無響室内に持ち込んで10kHz ～ 400kHz の周波数範囲における電界値を10m 法で計測した結果例を図7-13 に示す。計測地点における電界値を30m と100m 電界規制値に換算する審査判定基準が明確に示されていないが、概略は以下の式で換算されているようである。計測地点の距離を D_1、換算したい距離を D とした場合、D_1、D が $300/2\pi f$（f は使用周波数 MHz なので単位は m）以下の場合近傍域、超える場合を遠方域と定義し、また E を電界強度の換算値（dBμV/m）、E_1 を換算前の電界強度（dBμV/m）とすると

1) D_1、D 共に近傍域の場合は

　　$E = E_1 + 20\log((D_1/D)(D_1/D)^3)$

2) D_1、D 共に遠方域の場合は

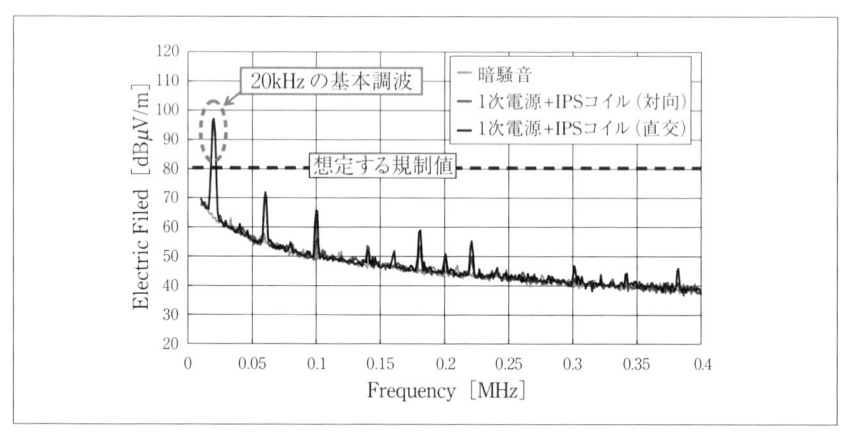

〔図7-13〕広帯域（10kHz ～ 400kHz）電界測定結果例

$$E = E_1 + 20\log(D_1/D)$$

3）D_1 が近傍域、D が遠方域の場合は

$$E = E_1 + 20\log((D_1^3/D)(2\pi f/300)^2)$$

4）D_1 が遠方域、D が近傍域の場合は

$$E = E_1 + 20\log((D_1/D^3)(300/2\pi f)^2)$$

である。

　図の例では周波数が 20kHz なので $300/2\pi f = 300/(2\pi \times 0.02) = 2{,}389$m となり、計測地点の距離 $D_1 = 10$m、換算したい距離 $D = 30$m あるいは 100m はいずれも近傍域となるため、1）項の距離換算とすると検波方式をピーク検波にした場合の電界許容想定値は 120dBμV/m となり、計測値はその中に収まる。しかし、本件は、高周波利用設備の試験会社からは厳しい距離換算条件の 2）項を採用され電界許容想定値は 80dBμV/m となり、基本調波は許容想定値を超えるが、基本調波以上の高い周波数では電界許容想定値を超えていないと判定され、基本調波で電界許容想定値以内になるようコイル対策を施さねばならなかった。これをクリアするのは開発、製造にあたってかなり大変な努力が必要である。このようにして申請用のデータを採取したうえで、設置場所所管の総合通信局に申請する必要がある [51]。

　自動車のイミュニティ試験規格は ISO/TC22/SC3 の WG3 が作業を行っていて、狭帯域ノイズに対する実車イミュニティ試験は ISO 11451 のパート 2 では、現在 AC 充電、DC 充電の他に図 7-14 のワイヤレス充電に対応した充電モードでの試験法の新規追加を審議している [52]。

3－2　誘導加熱

　ワイヤレス給電システムは、前記のように 1 次コイルから空間に放出される電磁界エネルギーによる電磁環境が他のシステムに影響を及ぼす可能性があるため、2 次コイルがない状態では 1 次コイルに通電しないようなインターフェースを付けている。何らかの通信手段で 1 次コイルが直上にある 2 次コイルを認識、ハンドシェイクが成立して電力伝送を始めると、渦電流を生じやすい形状の金属をコイル間に入れても、それを検知するのはかなり難しく、そのまま電力伝送を続けると、図 7-15

のように、10kW 出力のワイヤレス給電システムでは金属タワシが1分間で200℃、8分間で375℃まで上昇してしまう。そこで何らかの有効

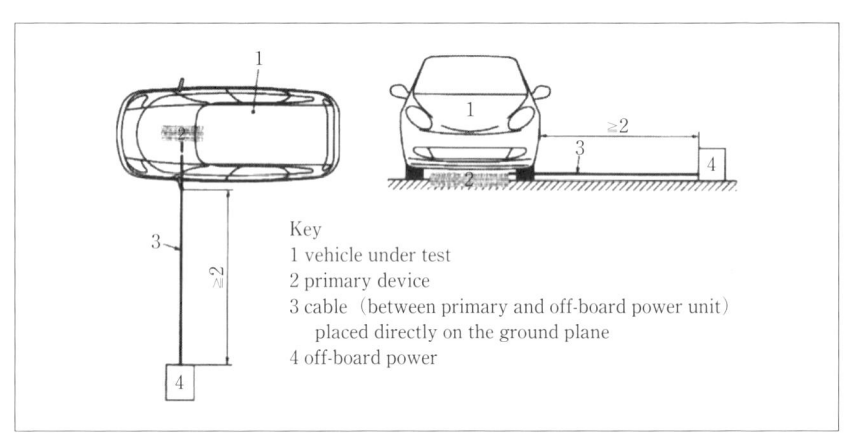

〔図7-14〕ワイヤレス充電モードでのイミュニティ試験

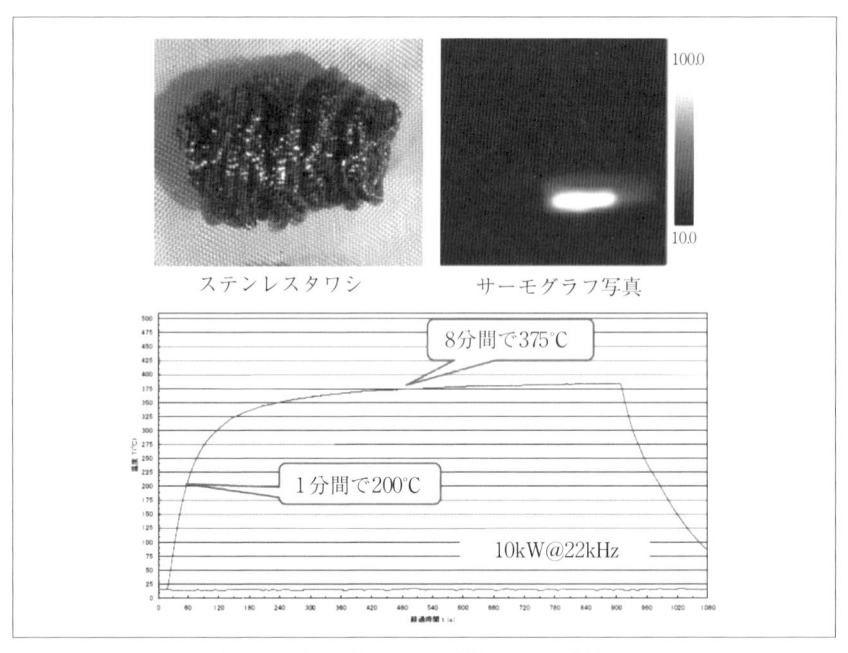

〔図7-15〕異物による誘導加熱実験結果

な異物検知（FOD：Foreign Object Detection）システムの搭載が必要となる[50]。

　EV 用のワイヤレス給電システムにおいても、2013 International CES で Qualcomm Halo 社が異物検知機能の付いたシステムを発表している。図 7-16 のように 1 次コイル表面にループになるようメッシュを切ったアレイ板を貼り、そのループに微弱な電流を流しておき、金属がコイル上にある場合での電流の変化を検知して送電モジュールの動作を停止するようにしている。図に示すようにコインのような小さな金属も検知、ドライバーのスマートフォンに知らせることができる[53]。

3-3　道路上設置と正着性

　EV 用のワイヤレス給電システムの 1 次コイルを公道上に設置するにあたっては、道路法第 32 条、道路交通法第 77 条により道路管理者と所轄警察署の許可が必要であるが、コイルの耐荷重や表面のスリップ性などの各種道路設置要件が明確に規定されていないため、現状ではすぐに道路設置できる状況ではなく、前述の長野でも駐車場（図 7-4）やバス営業所に設置せざるを得なかった。

　そこで、東京都や国土交通省では、コイル全面を樹脂コンクリートで覆うなどの耐荷重対策を施したコイルを使い、2011 年 2 月東京駅南口バス停留所、2011 年 12 月ビッグサイトバス停留所（図 7-17）の道路上に特別に 1 次コイルを設置し IPS ハイブリッドバスにワイヤレス充電を

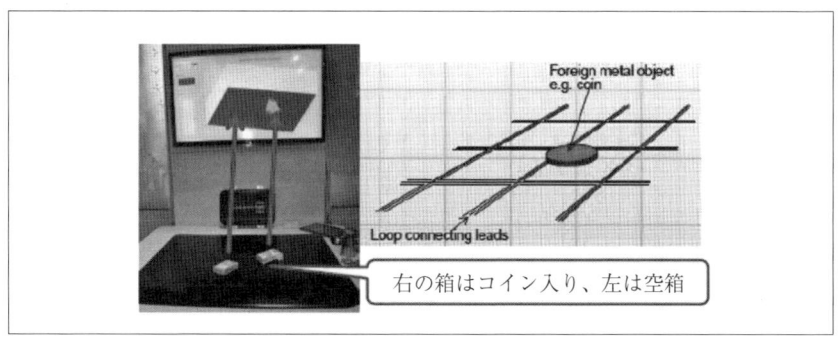

〔図 7-16〕Qualcomm Halo 社の異物検知システム

実施し、道路上設置における課題の把握が行われた。その際には1次コイル上に正確にバスを止められるように、図に見られるように道路上に引いた2本のラインを車載カメラで撮影、車内モニター上の規定ラインと一致させることで正着性の試験も行い、十分に機能することの確認も行われた[54]。

〔図7-17〕道路上に設置したコイルと停止ライン

4．EVでの今後の展開

　EVが内燃機関自動車と同等の航続距離とエネルギー充填速度を実現するには、未だかなりの時間がかかりそうである。これは長距離走行を実現するだけの高エネルギー密度と超急速充電性能を持った蓄電池が開発途上のためである。EVの電費は通常8〜10km/kWhなので、電池搭載量を考えると1充電走行距離は250km程度が経済的限界となり、長距離走行では頻繁な急速充電が必要となる。また、バスにおいてはターミナルやバス停で停車中に充電するシステムでは短時間充電になるため、充電量からWEBシリーズのようなマイクロバスサイズか、大型バスの場合はIPSハイブリッドバスのようなPHEVを使用しての短距離ルート運用にならざるを得ない。そこで、EVや大型電動バスを長距離走行させる究極の充電機能は充電のために停止せずに必要なエネルギーを常時受け取れる走行中給電となる。

　LRT（次世代型路面電車）のように道路下に埋め込んだ給電線からの送電電力を受電するシステムの最初のものは2-1項で述べたPATHプロジェクトでの電磁誘導式である。1982年に図7-18のように道路に1m間隔で埋め込まれた2本のケーブルからの400Hzの高周波電力を、走行中のミニバスの底面に設置された幅1m、長さ4.3mのコイルで受けることにより、エアギャップ7cmで6〜10kWの電力を効率60%で受電できたが、コイルからの漏れ磁束が大きく実用にはならなかった[55]。その後の走行中給電の実証試験では電磁波漏洩の抑制が最大の課題とな

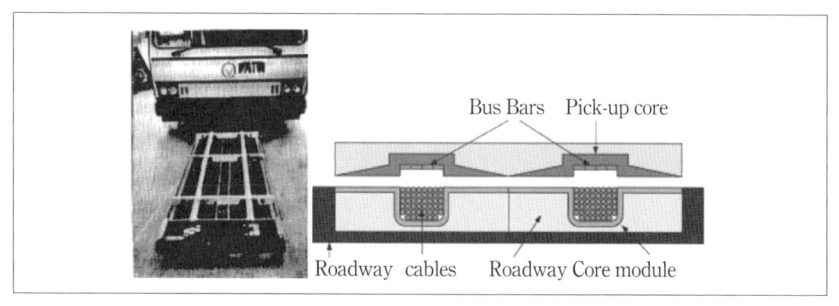

〔図7-18〕PATHプロジェクトのコイル構造

り、いろいろな方式が採られている。

　Bombardier 社は 2010 年に Augsburg 市で走行に成功した LRT において実証された車体下のコイルにだけ電力伝送をする電磁誘導式「PRIMOVE technology」を応用して、2011 年から Flanders' DRIVE research project としてベルギー Lommel 市の 0.6 km の試験道路で電気バスによる実証を行った。電源は 10kV の高圧ラインから高周波電源装置により周波数 20kHz、200kW にして供給、受電コイルサイズは 3.6m、電動バス搭載電池容量は 60kWh である。実用化を目指し、1 次コイルを埋設した道路の舗装材もコンクリートとアスファルトをそれぞれ敷き詰めて実験を行った[56]。

　韓国科学技術院（KAIST）は、2009 年にキャンパスで電磁誘導式の走行中給電の公開実験を行い、Seoul 市公園や Yeosu（麗水）市の Expo2012 でデモ走行を行った。周波数 200kHz、出力 200kW のインバータから送電し、17cm のギャップを介して 15kW の受電コイル 3 台で受電し、総合効率は 76% である。当初の給電線は PATH プロジェクトのように 1 本の連続したケーブルで、電磁波漏洩が懸念されていたが、その後、KAIST が Segment Method と呼んでいる PRIMOVE 技術に似たスイッチングシステムを採用、Gumi（亀尾）市で 2013 年 7 月から図 7-19 のよう

〔図 7-19〕KAIST の走行中給電バス

に実用運行を行っている[57]。しかし走行中給電は運行距離 28km のうち 4 か所の計 144m のみで、充電量の大部分は 2 か所のターミナルでの静止中充電というのが実情である。

　このように電磁誘導式の走行中給電では電磁波漏洩対策が最大の技術課題である。そこで昭和飛行機工業、東北大学、日産自動車のグループが NEDO の委託を受けて 2009 年から 2013 年まで磁界共鳴式を用いた走行中給電に取り組み、電磁波漏洩を電波法の規定以内に抑えつつ周波数 87kHz、出力 2kW、ギャップ 450mm、総合効率 77% で走行台車に給電しているが、構内での走行試験にとどまっている[58]。2013 年、東亜道路工業は日産自動車と共同で給電装置を埋め込んだ部分の舗装用セメント材として、給電コイルが舗装工事中の熱や圧力で破損しないように転圧作業が不要で弾力性のある特殊セメント材を開発し、実証試験を行っている。これにより KAIST などの工法に比べ施工コストを 1/3 に抑えられるようになった[59]。

5．おわりに

　ワイヤレス給電 EV の開発は各国で進められ、ほとんど完成の域に入っていて、IEC/ISO を中心に進められている国際標準化や電磁放射の規格化がまとまれば、2015 年にも製品化され EV に搭載、EV の普及に大きく寄与するものと思われる。ただ、接触式充電システムに比べコスト的な点から当初はオプション搭載となる見込みである。数が増えて安価になればバス等の公共交通にも省力化の観点から広く使われていくと思われる。

　電磁誘導式と比較して利用する磁場がずっと弱い磁界共鳴式のワイヤレス給電技術は現状では課題も山積しているが、将来的にこの技術が確立すれば、EV の走行中給電が可能となる。ただインフラコストの点から図 7-20 のようにハイウェイにワイヤレス給電レーンを設けての走行中給電はかなり先の話となる。その前に駅のターミナル広場のタクシー待機レーンに設置され、EV タクシーが客待ち中に少しずつ前進しながらも充電できるシステムとして設置されると思われる。走行距離・時間ともに大きなタクシーの電動化が進めば、地球温暖化や大気汚染の改善に大きく寄与するはずである。

〔図 7-20〕高速道路での走行中給電のイメージ

第8章

人体にも安全安心「電磁波被爆の防止」
車載デバイスEMS試験ロボット
「ティーチング支援システム」

1. 試験システム概要

ロボットによる自動化は大きく二つのステージに分かれます。プログラム作成と自動運転です（図8-1）。

◇プログラム作成

DUT の外装形状を認識し、ロボットハンド（アンテナ）の軌道を生成します。

◇自動運転

作成した軌道に従い、ロボットを制御します。

1−1　DUT の形状認識

その手法は二つあります。

1−1−1　3D-CADのデータをインポート

CAD データから外装面を抽出します。正確な数値が得られますが、技術情報の保全目的から CAD データ自体を DUT 設計部門が外部に開示しない可能性が課題として考えられます。

1−1−2　3Dセンサによる読み取り

リーズナブルな価格帯の 3D センサでは粗い位置情報しかとれませんが、電磁波照射には十分と考えられます。

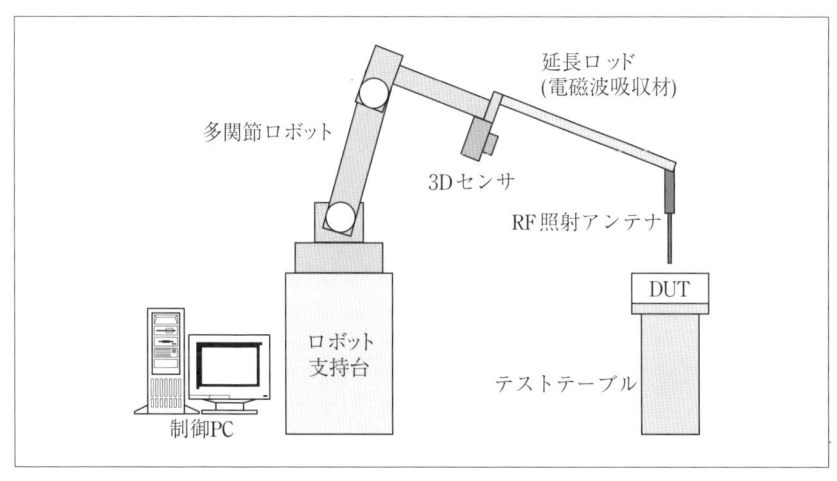

〔図 8-1〕システム構成図

　本システムでは後者のセンサ読み取り方式を採用します。

1－2　近傍周回の軌道生成

　DUT の外装面形状が認識できましたら、その外装板の「上空」を予め設定されたパラメータに従い、ロボットハンドの動く軌道を算出します。

1－3　多関節ロボットの外部からの自動制御

　前項の軌道に従い、多関節ロボットを制御します。

　これらの実行は画像処理を含めソフトウェアで行われます。ここに、フローチャートを示します（図 8-2）。

　以下に各機能の説明を記します。

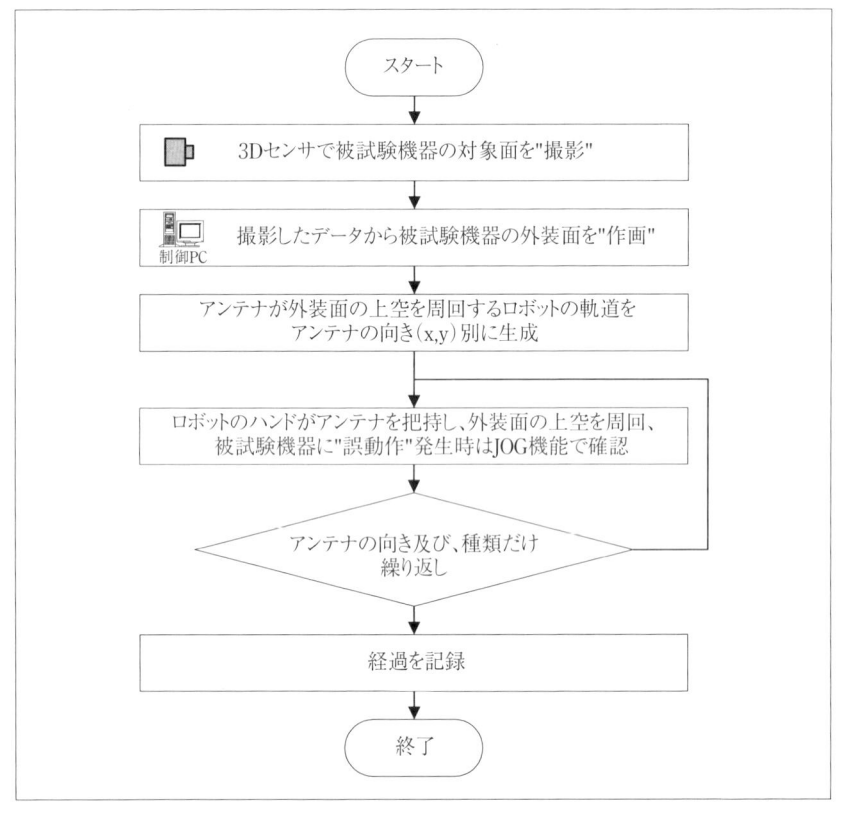

〔図 8-2〕自動運転フローチャート

［コラム１］　多関節ロボットのティーチングにかかる時間

　多関節（産業）ロボットのティーチング（プログラム作成）はティーチングペンダントと呼ばれる操作パネルから、1 アクション毎に命令を登録していく方法が一般的です。その登録にかかる時間は意外に長くかかります。

　当社の実験結果を紹介します。

　作業内容：6 つの部品（図コラム -1）を M5 のネジで組みつけ、一つのユニット（図コラム -2）とします。ネジは電動ドライバーにより締め付けます。ティーチングに慣れた作業者でも、プログラム作成に約 6 時間を要しました。

　ハンドの移動のみの場合でも、「1 移動」に 6 分はかかると言われています。

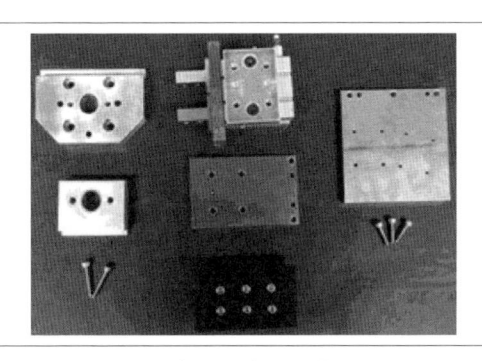

〔図コラム-1〕組み付ける部品の写真

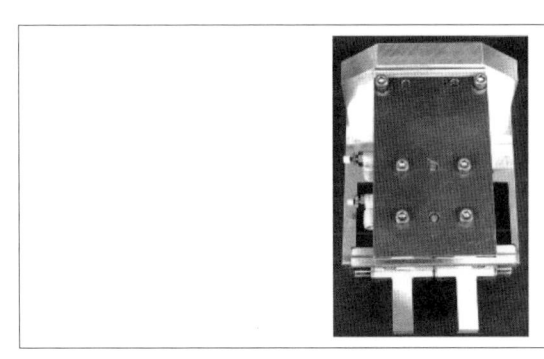

〔図コラム-2〕組立後のユニットの写真

2．3D センサで被試験機器を "撮影"

立体形状を測定するセンサには、
◇ Time of Flight（以下、TOF）
◇ステレオカメラ
◇レーザ切断

等の手法があります。TOF 法は高い精度は出ませんが、対象物の適用範囲が広いというメリットを生かせるため採用しました。

一般には DUT 設置テーブルに天地回転機能はありませんので、底面の撮像と試験はオペレーターによる DUT の天地回転が必要です。ロボットハンドの稼動範囲（ストローク）が DUT の奥行き方向より短い場合も前後方向の回転が必要です。

図 8-3、8-4 の写真は床の上にダンボール等を積み重ねた事例で、左がデジタルカメラの写真、右は TOF カメラの画像です。1 ピクセル毎に撮像面からの距離情報が含まれています。点群（Point of Cloud）と呼ばれます。

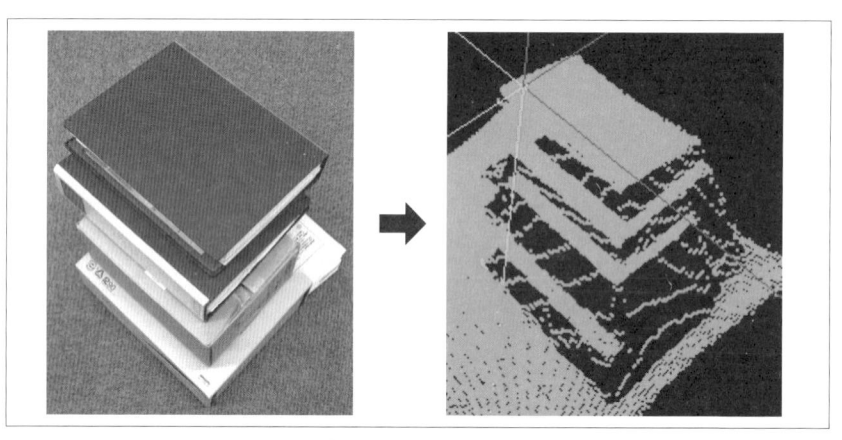

〔図 8-3〕撮影対象　　　　〔図 8-4〕3D センサ出力点群象

3．撮影したデータから被試験機器の外装面を"作画"

　点群であるセンサの生データから DUT の面のつながりを算出します。エッジを読み取り、一定の凸凹以内で面を割り出します。この際、背景はノイズとして切り取ります（図 8-5、8-6）。

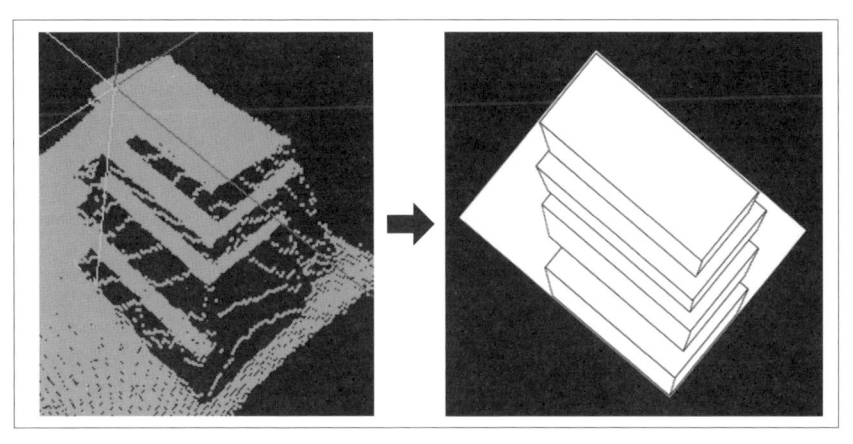

〔図 8-5〕3D センサ出力点群象　　　〔図 8-6〕算出された外装面

4．アンテナが外装面の上空を周回するロボットの軌道を生成

　広帯域アンテナの場合、100mm 角に DUT 表面を切り分けて、アンテナの「ステップ送り＋照射試験」が規定されています。ロボットによるアンテナの移動はそれらの「点と点を結ぶ線」となります。ここでは、その「線＝ロボットの移動経路」の自動生成について説明します。

　図 8-7 の積み重ねたブロックの上空を移動する軌道を生成した例が図 8-8 です。DUT は直方体以外でも対応可能です（微細な形状は読み取れません）。

　軌道生成の初期パラメータとしては

◇アンテナの往きと帰りの間隔。広帯域アンテナの場合は 100mm が規格値。

◇アンテナと面との間隔（浮上距離）。広帯域アンテナの場合は 50mm が規格値。

があります。パラメータを変更することで、様々な要求に応える軌道を生成できます。図 8-9 は本システムでの実際のパラメータ設定 GUI です。なお、本システムではロボット軌道のことをトレースと呼んでいま

〔図 8-7〕DUT ダミー

す。

　軌道は、アンテナの面に対する向き（縦、横＝x,y）毎に生成します。狭帯域アンテナの場合は、これを周波数別に生成します。

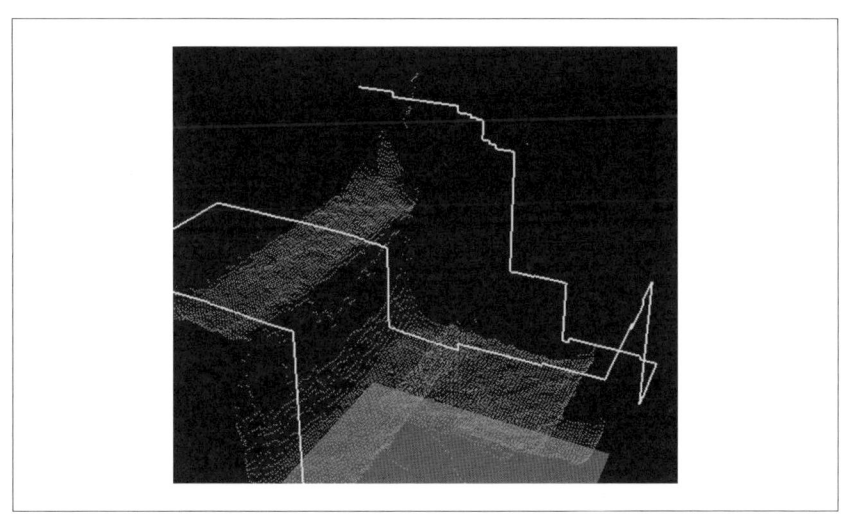

〔図8-8〕算出されたロボット軌道（白色の線）

Parameter

面トレース高さ		30						mm
面トレースはみ出し量	上端：20		下端：20		始端：20		終端：20	mm
面トレースはみ出し量オフセット	上端：0		下端：0		始端：0		終端：0	mm
ハーネス面トレース高さ		5						mm
ハーネス面トレースはみ出し量	上端：5		下端：5		始端：5		終端：5	mm
ハーネス面トレースはみ出し量オフセット	上端：5		下端：5		始端：5		終端：5	mm

	ANT1	ANT2	ANT3	ANT4	ANT5	ANT6	ANT7	UNITS
面トレース折り返し量 垂直	50	1	1	1	1	1	1	mm
面トレース折り返し量 水平	50	1	1	1	1	1	1	mm
								mm
ハーネス面トレース折り返し量 垂直	-----	-----	-----	-----	-----	-----	-----	mm
ハーネス面トレース折り返し量 水平	1	1	1	1	1	1	1	mm
								mm

原点復帰移動速度	自動トレース移動速度	テストトレース移動速度	重点トレース移動速度	UNITS
500	300	100	100	mm/Sec

〔図8-9〕パラメータ設定画面

5．自動運転

5－1　ロボットのハンドがアンテナを把持し、外装面の上空を周回

　図 8-10 は前項で算出した軌道に従い、ダミーのアンテナをロボット が把持しダミーの DUT（ブロック）に近づけて周回しているところで す。

　実際の EMS 試験では、アンテナとロボットハンドの間に電波吸収材 の延長ロッドを装着します。携帯無線器アンテナの場合は、アンテナを 周波数の種類だけ付け替える必要があります。アンテナの付け替えは比 較的容易に自動化が図れますが、アンテナのコネクタへのケーブルを装 着する自動化には課題が残ります。

5－2　DUT（被試験機器）が"誤動作"発生時は JOG 機能で確認

　ロボットハンドに把持されたアンテナからの電磁波を DUT に照射し ている間は、電波暗室の試験員が DUT の誤動作が発生しないか外部か ら監視します。

　ロボットが DUT の"上空"を移動中にも電磁波を照射できますので、 「点」の検査から「線」の試験が可能になります。ISO の規定試験より多 くの情報が得られます。

　ロボットにアンテナを把持させている大きなメリットとして、誤動作

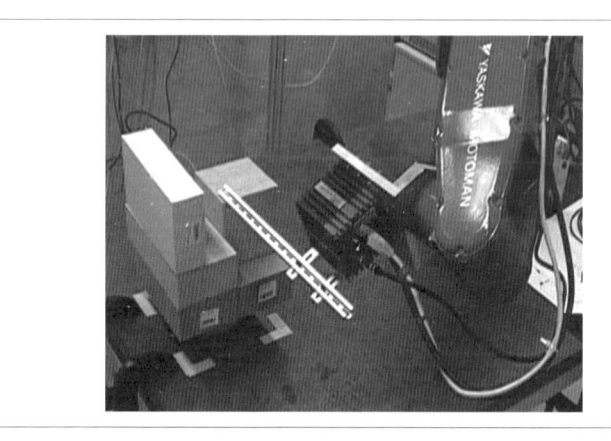

〔図 8-10〕ダミーの DUT にダミーのアンテナを近づけて周回するロボットハンド

発生の位置の記録と再現がしやすいことが上げられます。

　ロボットによりハンドが移動している途中であっても、移動の一旦停止をさせ、アンテナの微動が可能な JOG 機能が使えます。

　JOG 機能には下に示す「微動」を実行できます。

◇ FAR　　　　　アンテナを離す。

◇ NEAR　　　　アンテナを近づける。

◇ REAR　　　　アンテナを軌道の逆方向へ巻き戻す。

◇ FORWARD　アンテナを軌道の順方向へ進める。

　JOG 機能の FAR と NEAR を使用することで照射位置（電磁波強度）の違いによる影響が確認できます。REAR と FORWARD を使用することで、誤動作の再現が期待できます。図8-11はJOG機能を用いる操作画面です。

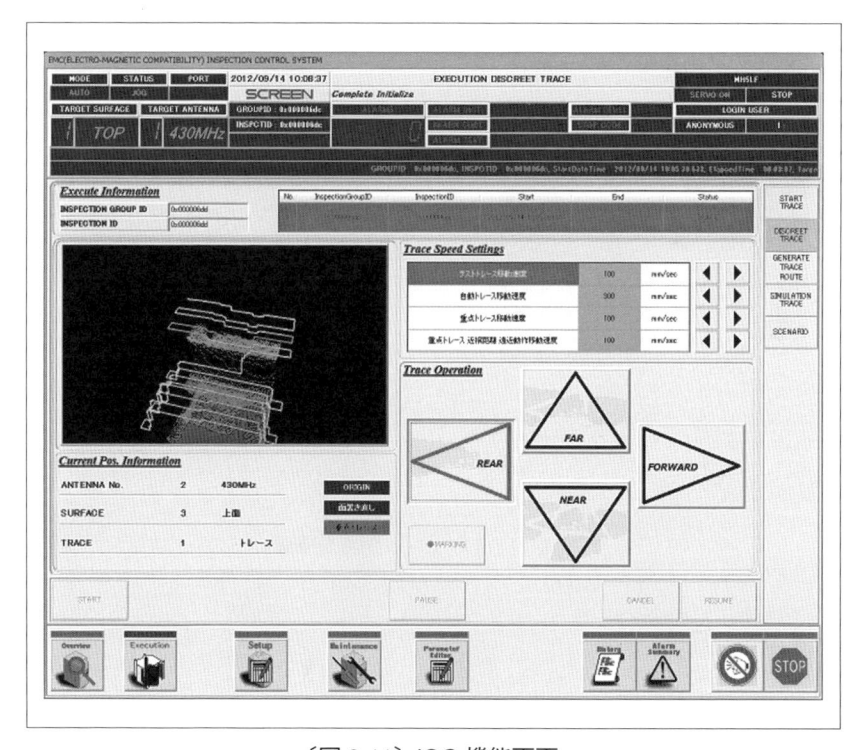

〔図 8-11〕JOG 機能画面

5−3　シミュレーションモード

本システムでは、生成したロボットの軌道が正しいかどうか、実際の
ロボットによる運転の前にPC上でシミュレーションする機能がありま
す。

図8-12はロボットハンドの軌道をPC上でDUTと共に示すことで確
認できる様子を示したものです。

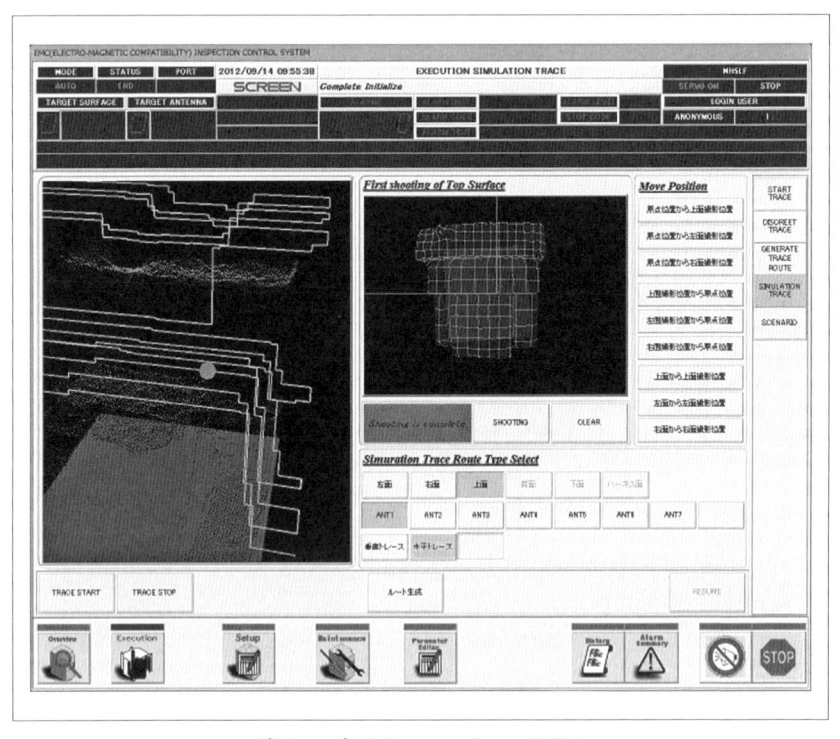

〔図8-12〕シミュレーション画面

６．誤動作付帯情報を記録

　MARKING 機能を利用して、誤動作発生時の

◇試験 ID

◇DUT 処理面

◇アンテナ周波数（携帯無線記の場合）

◇アンテナ向き

◇アンテナ座標

を記録することができます。これにより品質向上につながるデータ収集と管理が容易になります。

　Jog 機能と重ねて使用すれば、設計部門に対してのより確かな「誤動作」報告が期待できます。

7．電磁波被爆防止

　ISO 11452-9 の 8.4.2.3 項では、照射アンテナを ON にして位置決めを作業員が行う場合には、電磁波被爆を最小限に留める様に求められています。

　本システムでは、アンテナの位置決めを無人化できることから、被爆を避けることができます。

［コラム２］　電磁波の人体への暴露による健康の影響

　国際非電離放射線防護委員会「時間変化する電界、磁界及び電磁界による曝露を制限するためのガイドライン　1998年4月」から抜粋

生物学的影響と疫学的研究のまとめ（100kHz-300GHz）

　現在利用可能な実験的証拠によれば、安静状態の人が約30分間、1から4W/kgの全身SARを生ずる電磁界に曝露すると、1℃未満の体温上昇を生ずることが示されている。動物データでは、同じ1から4W/kgまでの範囲に行動的応答の閾値が示されている。4W/kgのSAR値を生ずる強い電磁界への曝露は、体の熱調節能力を破たんさせ、生体組織に有害なレベルの加熱を生ずる可能性がある。

WHO「国際電磁界プロジェクト＿無線周波電磁界の健康影響1998」から抜粋

●10メガヘルツから10ギガヘルツまでのRF電磁界はばく露された組織へ浸透し、組織でのエネルギー吸収による熱を生じさせます。組織への浸透深度は周波数に依って決まり、周波数が低ければ低いほど深くなります。

●組織でのRF電磁界からのエネルギー吸収は、一定の組織の質量における比吸収率（SAR）で測ります。SARの単位は、キログラム当たりのワット（W/kg）です。SARは、1メガヘルツから10ギガヘルツまでのRF電磁界のばく露測定に用いられる基本的な物理量です。

●この周波数範囲のRF電磁界にばく露された人体に有害な影響が生じるには少なくとも4W/kgのSARが必要です。そのようなエネルギーは強力なFMアンテナから数十メートルの範囲にのみ見られますが、高いタワーの頂点におかれているため、そのような場所へは接近不可能です。

●1メガヘルツから10ギガヘルツまでのRF電磁界へのばく露により生じる最も有害な影響は、誘導加熱に対する反応として組織や身体に1℃以上の温度上昇を生じさせることと密接に関係しています。

●身体組織の誘導加熱は、体温上昇にしたがって精神的または身体的作業能力が低下することを含め、様々な生理学的および体温調節系の反

応を引き起こすことがあります。同様の影響は、高温環境での作業や長期間の発熱などの熱ストレスを受けた人で報告されています。

●誘導加熱は胎児の発達に影響を与えるかもしれません。胎児体温が数時間にわたり2～3℃上昇する場合に限り、出生時欠損症が発生するかも知れません。誘導加熱は男性の不妊に影響を与えることがあり、また白内障の誘発に至ることがあります。

●ほとんどのRF電磁界研究は1メガヘルツ以上の周波数で行われ、日常生活では通常見られない、強いレベルのRF電磁界への急性ばく露の結果を調べたものであることを良く認識することは重要です。

8．まとめ

　本システムの開発により、車載デバイス向け EMS 試験の多関節ロボットによる RF 照射もしくは携帯無線器アンテナの位置決めと移動のプログラム作成が自動化できました。結果、以下のメリットを提供します。

◇車載電子機器の EMS 試験の作業の効率化

◇被試験機器の品質向上

　　→ "誤動作" の再現が容易

　　→付帯情報の記録

◇電磁波被爆の防止

第9章

民生EMCと車載機器EMCの相違点1
国内外規格と試験概説

1. はじめに

　近年、自動車の電子化が急速に進展し、ECU と呼ばれる電子制御装置によって、走行制御、情報通信、セキュリティ、エンターテインメントなどの機能が制御されている。ECU は、自動車 1 台あたりに、50 から 70 程度搭載され、さらに各 ECU には数個の CPU が内蔵され、自動車はコンピュータの塊といっても過言ではない。ハイブリッドや電気自動車においては、更に複雑化している。通信事業分野ではスマートフォンやタブレット PC などの携帯端末の普及とともにスマートフォンを使用した家電機器の遠隔操作も可能となり、自動車分野においてもスマートフォンによるナビゲーション機能や電気自動車においてはエアコンの遠隔操作や音声認識によるハンズフリー操作、バッテリの充電管理もでき、自動車とスマートフォンの融合化が益々進んでいる。またポータブルナビゲーション、シガーソケット対応のポータブル AV 機器なども、家庭環境や車内でも使用することができるので、両方の環境下での基準に満足する必要がある。また電気自動車やプラグインハイブリッド車は、急速充電器や家庭用電源コンセントから充電することができ、従来の自動車の環境に電力会社からの送電網も含めた家電製品同様に民生機器の EMC 規格にも遵守する必要がある。ここで EMC 評価に関する国際規格、各国の規格・規制について説明する。

２．国際規格

２－１　国際組織

　民生 EMC，自動車および車載 EMC 規格を審議している下記３つの国際組織がある。

(1) IEC（International Electrotechnical Commission）国際電気標準化会議

　IEC は電気・電子の技術分野の標準化を推進して国際規格を策定するために 1906 年に設立され、約 100 の TC（技術委員会）と 80 の SC（小委員会・分科会）により構成されている。

(2) CISPR（International Special Committee on Radio Interference ／ 仏：Comité International Spécial des Perturbations Radioélectriques）国際無線障害特別委員会

　CISPR は、電気・電子機器などの無線障害に関して、測定法や限度値の標準化を推進して国際規格を策定するために IEC の特別委員会として 1934 年に設立され、SC（小委員会・分科会）により構成されている。

(3) ISO（International Organization for Standardization）国際標準化機構

　ISO は、電気分野を除く工業分野などの標準化を推進して国際規格を策定するために 1947 年に設立され、約 230 の TC（技術委員会）と 520 の SC（小委員会・分科会）により構成されている。

　これら国際組織の委員会と発行規格を図 9-1 に示す。

２－２　IEC 規格

　図 9-1 による IEC 規格を表 9-1 ～ 表 9-3 に示す。

　IEC の製品群または製品規格の一例を表 9-4 に示す。

※ CISPR 13 および 22 は CISPR 32 の発行に伴い統合、CISPR 20、24 に関しても CISPR 35 の発行を受けて、2020 年 8 月に統合される予定です。

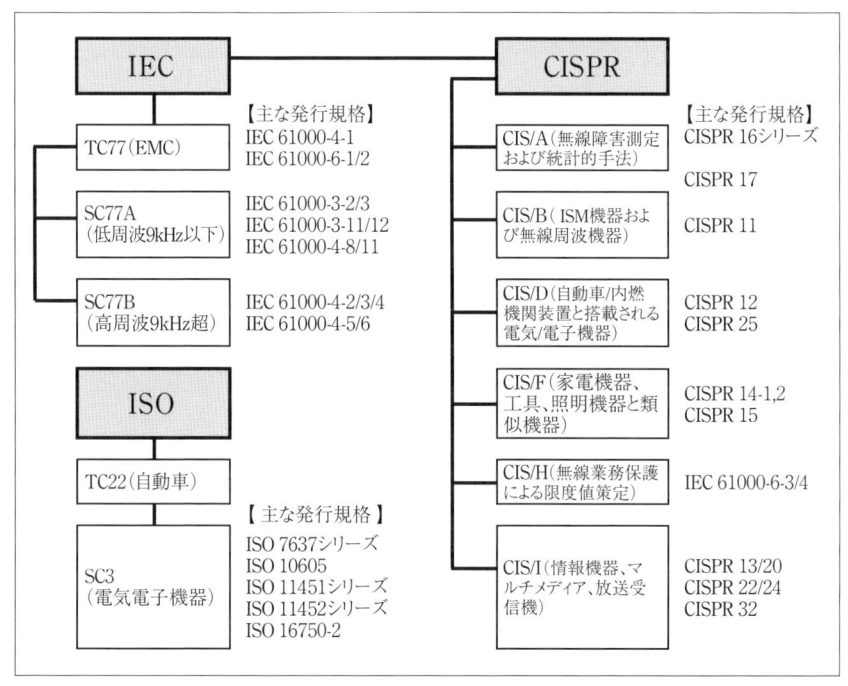

〔図 9-1〕国際組織の委員会と主な発行規格

〔表 9-1〕主な IEC 61000-3 シリーズ規格

規格番号	標題	試験目的等
IEC 61000-3-2	高調波電流エミッション (機器入力電流 ≦ 16A/ 各相)	変圧器や他の機器のモーター用コンデンサの過熱・焼損を防止するため電気・電子機器の高調波電流 (電流歪み) を制限
IEC 61000-3-12	高調波電流エミッション (機器入力電流 16A 超 75A 以下 / 各相)	
IEC 61000-3-3	電圧変化、電圧変動、フリッカ (機器入力電流 ≦ 16A/ 各相)	瞬時や連続的な電圧変化に伴い白熱灯等のちらつきを防止するために制限 (人の視覚による不快を防止)
IEC 61000-3-11	電圧変化、電圧変動、フリッカ (機器入力電流 16A 超 75A 以下 / 各相)	

【記 1】表 9-1 の規格は、数多くの機器に適用される。

〔表 9-2〕主な IEC 61000-4 シリーズ規格

規格番号	標題	試験目的等
IEC 61000-4-1	EMC- 試験及び測定技術	一般要求事項、定義
IEC 61000-4-2	静電気放電 (ESD) イミュニティ	人体が介在して発生する静電気放電による影響を模擬した試験
IEC 61000-4-3	放射 RF 電磁界イミュニティ	テレビ・ラジオ放送、携帯電話などの送信機からの意図的な電磁波による影響を模擬した試験
IEC 61000-4-4	EFT/B イミュニティ	電源・信号・制御ケーブル等を介して切り換え動作やリレー接点を持つ機器からの瞬間に発生するような過渡現象を模擬した試験
IEC 61000-4-5	サージイミュニティ	落雷や電力配電システムの故障によって発生する過渡的サージ電圧による影響を模擬した試験
IEC 61000-4-6	高周波伝導イミュニティ	無線周波発信機など意図的な電磁波が電源・信号・制御ケーブル等を介して妨害が発生する現象を模擬した試験
IEC 61000-4-8	磁界イミュニティ	高圧線や発電所付近または他の機器からの電源周波数磁界 (50/60Hz) による影響を模擬した試験
IEC 61000-4-11	電圧ディップ・瞬停	電源配電網が落雷による予備配電への切替え（瞬断）や負荷の突然の大きな変化（ディップ）を模擬。

【記 2】表 9-2 の規格は基本規格として分類され共通規格を初めとした数多くの製品群規格または製品群規格の参照規格として適用される。

〔表 9-3〕主な IEC 61000-6 シリーズ規格

規格番号	標題
IEC 61000-6-1	住宅・商業・軽工業環境のイミュニティ
IEC 61000-6-2	工業環境のイミュニティ
IEC 61000-6-3	住宅・商業・軽工業環境のエミッション
IEC 61000-6-4	工業環境のエミッション

【記 3】表 9-3 の規格は共通規格として分類され、表 9-4 や表 9-6 のような製品群規格または製品規格に該当しない機種に適用される。

〔表 9-4〕IEC の製品群規格と製品規格（一例）

規格番号	分類	標題
IEC 60601-1-2	製品群	医療用電気機器の EMC 要求事項
IEC 60974-10	製品	アーク溶接機器の EMC 要求事項
IEC 61326-1	製品群	測定、制御および研究所用途の電気機器に関する EMC 要求事項
IEC 61547	製品群	一般照明目的の機器に関するイミュニティ要求事項
IEC 62040-2	製品	無停電システム (UPS) の EMC 要求事項

2－3 CISPR 規格

図 9-1 による CISPR 規格を表 9-5 〜 表 9-6 に示す。

〔表 9-5〕CISPR16 シリーズ規格

規格番号	"サブパート"	タイトル
CISPR 16-1 （無線妨害波、 イミュニティ測定 および測定法の仕様）	1	測定装置
	2	補助機器－伝導妨害波
	3	補助機器－妨害波電力
	4	補助機器－放射妨害波
	5	30MHz-1000MHz のアンテナ校正テストサイト
CISPR 16-2 （無線妨害波および イミュニティの測定法）	1	伝導妨害波測定
	2	妨害波電力測定
	3	放射妨害波測定
	4	イミュニティ測定
	5	物理的に大きい装置から発生する妨害波エミッションの現地試験
CISPR/TR 16-3	—	CISPR 技術報告書
CISPR 16-4 （不確かさ、統計 および限度値設定）	1	標準 EMC 試験の不確かさ
	2	EMC 測定の不確かさ
	3	大量生産品の EMC 適合性判定における統計評価
	4	苦情統計と限度値算出のためのモデル
	5	代替試験方法の使用のための条件

【記 5】表 9-5 の規格は基本規格として分類され共通規格を初めとした数多くの製品群規格または製品群規格の参照規格として適用される。

〔表 9-6〕主な CISPR 規格

規格番号	標題
CISPR 11	工業・科学・医療用 (ISM) 機器および無線周波機器のエミッション要求事項
CISPR 12	自動車、ボート、および内燃機関のエミッション要求事項
CISPR 13	音声・映像放送受信機および関連機器のエミッション要求事項
CISPR 14-1	家庭用機器、電動工具および類似の装置のエミッション要求事項
CISPR 14-2	家庭用機器、電動工具および類似の装置のイミュニティ要求事項
CISPR 15	電気照明および類似機器のエミッションの要求事項
CISPR 20	音声・映像放送受信機および関連機器のイミュニティの要求事項
CISPR 22	情報技術装置のエミッション要求事項
CISPR 24	情報技術装置のイミュニティの要求値と試験法
CISPR 25	自動車、ボート、および内燃機関－オンボード（車載）受信機保護によるエミッション要求事項
CISPR 32	マルチメディア機器の EMC －エミッション要求事項

【記 6】表 9-6 の規格は製品群規格として分類される。現在、マルチメディア機器のイミュニティ要求事項として CISPR 35 規格発行に向けた審議が行われている。

※以上の IEC および CISPR 規格において、規格適用の条件として
　製品規格⇒製品群規格（該当する製品規格が存在しない場合）⇒共通
規格（該当する製品群規格が存在しない場合）の優先順で適用させなけ
ればいけない。
　また IEC/CISPR 加盟国である主要国は、この国際規格を参照して自国
の規格・規制を策定している。

２－４　ISO 規格
　図 9-1 による ISO 規格を表 9-7 ～表 9-9 に示す。

〔表 9-7〕伝導性イミュニティの ISO 規格

規格番号	標題	試験目的等
ISO 7637-1	伝導および結合による電気的妨害に関する定義および一般的考察	
ISO 7637-2	電源線のみに沿った電気的過渡伝導	車載機器の伝導性電気的過渡現象への適合性を試験するためのエミッション、イミュニティの試験方法
ISO 7637-3	電源線以外の線を経由する容量性および誘導性結合による電気的過渡伝導	誘導負荷やリレーのスイッチングで発生する過渡妨害パルスが電源線以外の線を通した結合による影響
ISO 10605	自動車－静電気放電による電気的妨害の試験法	人体静電気放電モデルに基づいた自動車及び自動車部品への静電気放電試験
ISO 16750-2	自動車－電気・電子機器の環境条件と試験パート２電気的負荷	レギュレータの異常、バッテリの放電・再充電、エンジン始動時等による電圧変動、過電圧、瞬停、電圧降下、リプル等による試験

〔表 9-8〕主な ISO 11452 シリーズ規格

規格番号	標題	試験目的等
ISO 11452-1	狭帯域放射電磁エネルギーによる電気的妨害に対するコンポーネントの試験法－一般原則と用語	
ISO 11452-2	ALSE（電波暗室）でのアンテナ照射イミュニティ	回りの電磁環境による妨害波に対するイミュニティ試験
ISO 11452-3	TEM セル	
ISO 11452-4	バルクカレント注入（BCI）	
ISO 11452-5	ストリップライン	
ISO 11452-8	磁界イミュニティ	車両の内外から発生する磁界に対するイミュニティ試験
ISO 11452-9	携帯送信機	車内で使用する携帯送信機からの電磁波によるイミュニティ試験
ISO 11452-10	可聴周波数帯域の伝導イミュニティ	電源ラインに発生するリップルに対するイミュニティ試験

〔表 9-9〕ISO 11451 シリーズ規格

規格番号	標題	試験目的等
ISO 11451-1	狭帯域放射電磁エネルギーによる電気的妨害に対する自動車の試験法－一般原則と用語	
ISO 11451-2	車両外の放射源	回りの電磁環境による妨害波に対するイミュニティ試験
ISO 11451-3	車載送信機シミュレーション	車載送信機からの電磁波によるイミュニティ試験
ISO 11451-4	バルクカレント注入 (BCI)	回りの電磁環境による妨害波に対するイミュニティ試験

3．欧州規格

　欧州連合による標準規格を策定する機関として下記3つがある。

・CENELEC（欧州電気標準化委員会）：電気工学分野

・ETSI（欧州電気通信標準化機構）：電気通信分野

・CEN（欧州標準化委員会）：電気工学、電気通信分野以外

　これらによって策定された規格は、欧州規格（EN Standard）と呼ばれる。

　また欧州で流通する製品には、CEマーキングの貼付が要求され該当するニューアプローチ指令なる規制に適合することが義務付けられており、このニューアプローチ指令は現時点で約20の指令が存在し、各指令で参照しているEN規格の適合が要求されている。

　EMC指令（2004/108/EC）以外に、低電圧指令（2006/95/EC）、無線・電気通信端末機器指令（1999/5/EC）、医療機器指令（93/42/EEC）、機械指令（2006/42/EC）などにもEMC規格が、一部含まれている。

4．米国規格

米国における EMC 規格の策定・規制として下記の組織・団体などがある。

FCC（米国連邦通信委員会）：通信機器、電子機器など

IEEE（米国電気・電子技術学会）：通信・電子・情報工学分野

ANSI（米国規格協会）：工業分野

MIL STD（米国軍用規格）：米軍向け物資調達に関する規格

RTCA（航空無線技術委員会）：米国民間航空機に関する規格

SAE（米国自動車技術者協会）：自動車及び航空宇宙分野

5．国内規格

我が国の EMC に関する規格は下記などがある。

JIS（日本工業規格）：工業分野全般

電気用品安全法（経済産業省）：家電製品

電波法（総務省）：通信機器

VCCI：情報機器（自主規制）

6．UNECE（United Nation European Commission for Europe）

　UNECE（国際連合 / 欧州経済委員会）は、車両に関する多国間協定として 1958 年に締結され、正式名称は「車両並びに車両への取付け又は車両における使用が可能な装置及び部品に係る統一的な技術上の要件の採択並びにこれらの要件に基づいて行われる認定の相互承認のための条件に関する協定」で日本も加盟している。EMC に関する要件は Regulation 10 で規定されて、現在、Revision 4（R10.04）が最新版である。

7. 品目別対象規格と規制

　家電機器ではあるが、無線機能が追加されたり、車両内でも使用でき
る車載兼用機器が増加するにつれ対象となる規格や規制についても複雑
化している。一例を表 9-10 に示す。

　次に ECE R10.04 による自動車および車載機器の適用規格について
表 9-11 に示す。

　表 9-11 のように ECE R10.04 で車両の充電モードによる試験条件が追
加され、IEC 61000 シリーズや CISPR 16-2-1, CISPR 22 の民生機器 EMC
規格が追加されている。

　更に、ECE R10.05（Proposal）では、ESA による充電モードの追加が提
案され、表 9-11 の Annex 11 ～ 16 の試験が今後 ESA にも追加される検
討がされている。

　以上のように、従来、家庭環境などで使用されていた機器が車載兼用
としても使用される場合は、車載の EMC 規格も適用され、また電気自
動車やプラグインハイブリッド車のように送電網から充電されるものは
民生機器の EMC 規格が適用される。

　更に医療機器分野では IEC 60601-1-2（医療用電気機器の EMC）第 4 版

〔表 9-10〕対象品目と欧米／日本の EMC 規格・規制

	品目	欧州	米国	日本
①	放送受信機および 関連機器（AV 機器）	EN 55013 EN 55020	FCC Part 15 B	電気用品安全法（*1）
②	情報機器 (有線 LAN 端子装備機器含む)	EN 55022 EN 55024	FCC Part 15 B	VCCI
③	WLAN（2.4GHz）/ Bluetooth	ETSI EN 300328 ETSI EN 301489	FCC Part 15 C	電波法特定無線設備
④	WLAN（5GHz）	ETSI EN 301489 ETSI EN 301893	FCC Part 15 E	電波法特定無線設備
⑤	GPS 受信機	ETSI EN 300440 ETSI EN 301489	FCC Part 15 B	－
⑥	FM トランスミッター	ETSI EN 301357 ETSI EN 301489	FCC Part 15 C	電波法微弱無線局
⑦	車載機器	ECE R10.04	－	ECE R10.04（*2）

【記 10】(*1) AC アダプタなどを介して給電される機種は適用外。
　　　　　(*2) 自動車の走行性能に関連しないものは適用外。
　　　　　機種によっては、①～⑦の複数の規格・規制を適合する必要がある。

〔表 9-11〕ECE R10.04 の試験項目と参照規格

R10.04 試験項目	試験内容	試験条件	参照規格	対象範囲
Annex 4	広帯域放射妨害波	車両（充電モード以外） 車両（充電モード）	CISPR 12	30MHz ～ 1GHz
Annex 5	狭帯域放射妨害波	車両（充電モード以外）		
Annex 6	アンテナ照射（ALSE）	車両（充電モード以外） 車両（充電モード）	ISO 11451-2	20MHz ～ 2GHz
	BCI		ISO 11451-4	
Annex 7	広帯域放射妨害波	ESA（充電モード以外）	CISPR 25	30MHz ～ 1GHz
Annex 8	狭帯域放射妨害波	ESA（充電モード以外）		
Annex 9	アンテナ照射（ALSE）	ESA（充電モード以外）	ISO 11452-2	20MHz ～ 2GHz
	TEM セル		ISO 11452-3	
	BCI		ISO 11452-4	
	ストリップライン		ISO 11452-5	
Annex 10	電源線トランジェントエミッション電圧	ESA（充電モード以外）	ISO 7637-2	極性：正，負
	電源線サージイミュニティ			Pulse 1, 2a, 2b, 3a, 3b, 4
Annex 11	電源高調波電流（2次～40次高調波）	車両（充電モード）	IEC 61000-3-2	入力電流各相：16A 以下
			IEC 61000-3-12	入力電流各相：16A 超 75A 以下
Annex 12	電圧変化、電圧変動、フリッカ	車両（充電モード）	IEC 61000-3-3	入力電流各相：16A 以下
			IEC 61000-3-11	入力電流各相：16A 超 75A 以下
Annex 13	電源線端子妨害電圧	車両（充電モード）	CISPR 16-2-1	AC/DC 電源線 150kHz ～ 30MHz
Annex 14	通信線ポート伝導妨害	車両（充電モード）	CISPR 22	ネットワーク電気通信線 150kHz ～ 30MHz
Annex 15	EFT/B イミュニティ	車両（充電モード）	IEC 61000-4-4	AC/DC 電源線
Annex 16	サージイミュニティ	車両（充電モード）	IEC 61000-4-5	AC/DC 電源線

【記 11】充電モード：送電網につながれた RESS（Rechargeable Energy Storage System）充電モード
ESA：電気／電子サブアッセンブリ

のドラフト文書において、Transport（乗物）用のカテゴリに搭載される医療機器は、ISO 7137（RTCA/DO-160F Sec.21 Emission）や ISO 7637-2（Immunity）など航空機搭載機器や車載機器の EMC 規格にも適用するような検討が行われている。

　従って、今後は同一機器でありながら、使用環境を考慮して異なった分野の規格にも適用される機器が増えてくるので、次章では、民生機器と車載機器の EMC 規格を比較しながら実際の試験法などについて説明する。

第10章

民生EMCと車載機器EMCの相違点2
民生機器と車載機器の
エミッション規格と測定方法の比較

1. エミッション規格の測定項目

　エミッションは、EUT（被試験品）の電源線や信号線・制御線から漏えいする伝導性エミッションと EUT のシャーシおよびケーブルから空中へ放射される放射性エミッションに分類される。本記事は、車載機器メーカーを対象読者として執筆しているため、CISPR 22 規格（ITE【情報技術装置】のエミッション）を中心に CISPR 25（車載機器のエミッション）と比較して説明する。

２．CISPR 22 規格

２－１　定義

　対象機器はデータの入力、記憶、表示、変換、出力、処理、制御など
をおこない、情報転送のためのポートを有する定格電源電圧が 600V 以
下の機器である。

　また下記のように２つのクラスに分類される。

　クラス B 情報技術装置：主に住宅環境で使用する ITE で 10m の距離
内で TV やラジオなどの放送受信機が使用される環境も含まれる

　クラス A 情報技術装置：クラス B 以外の環境で使用される ITE

２－２　試験条件

　一例としてプリンタが EUT である場合の試験条件について説明する。

(1) システム構成

　EUT（プリンタ）、ホスト機器（PC+ キーボード＋マウス）、モニタ、
EUT（プリンタ）とは異なるインターフェースの周辺機器

　※ EUT（プリンタ）以外の機器は原則、市販品であること。電源コー
　　　ドやインターフェースケーブルは付属品または推奨品を使用する。

(2) 動作条件

　EUT（プリンタ）：連続印字など（複合機器の場合、取扱説明書に記
載された動作条件）すべての動作条件または最大エミッションが発生す
る条件を選定して行う。

　モニタ：H パターン（黒の背景色に白文字）のスクローリング

　ホスト機器：ハードディスクなど記録媒体へのデータのリード・ライ
　　　　　　　ト・消去

　異なるインターフェースの周辺機器：動作状態

　【CISPR 25 では、EUT は車両内と同等の動作条件を模擬させるために
負荷・インターフェース・センサ・アクチュエータなどが含まれたシュ
ミレータを接続して EUT のすべての動作条件または最大エミッション
が発生する条件を選定して行う。】

(3) 配置条件

　図 10-1 および図 10-2 参照

※ CISPR 22 は CISPR 32 の発行を受けて統合されています。

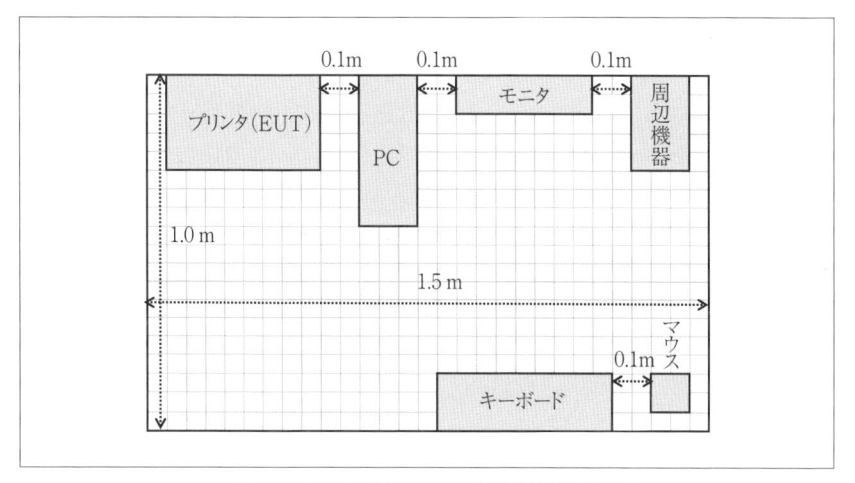

〔図 10-1〕卓上型 EUT の試験配置上面図

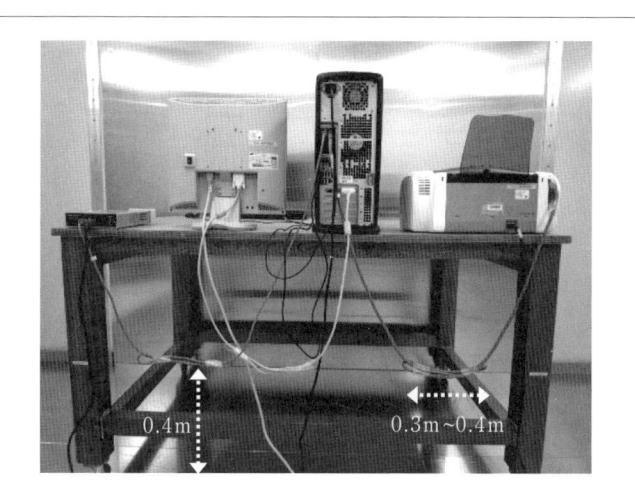

【記】
・テーブルは非伝導性で 1m（D）×1.5m（W）×0.8m（H）
・各機器の間隔は 0.1m
・インターフェースケーブルは床から 0.4m の高さになるように中央付近で 0.3m～0.4m で束ねる。
・ケーブルや EUT の配置および EUT の動作条件は、測定中、最大の妨害波が発生するよう
　探索する（配置についてはユーザによって設置される範囲内で行う）
【CISPR 25 では、車両に設置される条件に基づき試験計画書に基づいた条件で行う。】

〔図 10-2〕卓上型 EUT の試験配置後面図

2－3　伝導性エミッション測定

2－3－1　電源ポート伝導エミッション測定

CISPR 16-1-2 で規定されている $50\Omega/50\mu H$ の AMN（Artificial Mains Network）【擬似電源回路網】を用いて、150kHz ～ 30MHz の周波数範囲において一般的にシールド室で測定する。AMN は、EUT 用と EUT 以外の機器用で 2 つ以上使用する。

（参考：FCC では、AMN のことを LISN（Line Impedance Stabilization Network）と呼ぶ）

試験配置は、図 10-1、図 10-2 と併せて図 10-3、図 10-4 を参照し、以下の手順で測定する。

(1) AMN の高周波出力端子にアッテネータ（VSWR 改善と計測器への過入力防止）と同軸ケーブルを介して、スペクトラムアナライザに接続する。

(2) スペクトラムを観測しながら、妨害波が最大となるケーブルや EUT の配置および動作条件を探索し、最大となる条件でのスペクトラムの測定周波数を記録する。

(3) スペクトラムアナライザからテストレシーバに接続を切り替える。

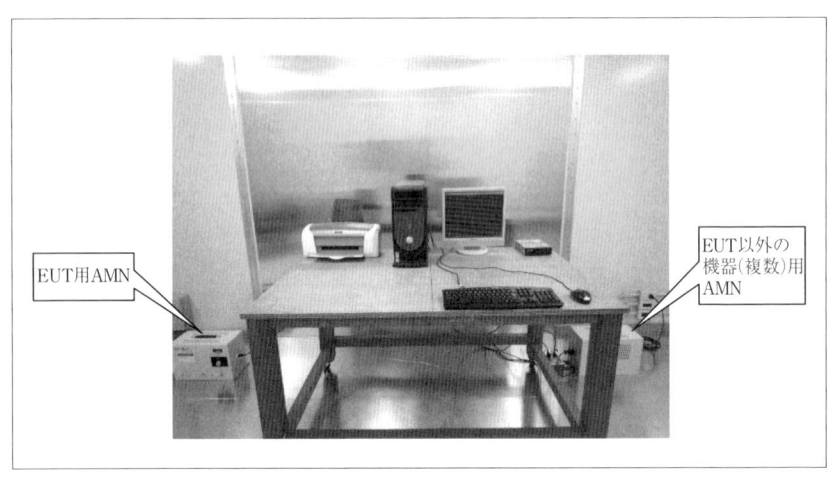

EUT用AMN

EUT以外の機器(複数)用AMN

〔図 10-3〕卓上型 EUT の電源ポート伝導妨害波測定前面図

(4) 記録した周波数に同調して検波機能を準尖頭値（以後 QP と称する）検波に設定し、IF 帯域幅は 9kHz または 10kHz で測定する。 指示値が最大となるように周波数を微調し、レベルが変動する場合は最大値を記録する。

(5) 指示値に AMN、アッテネータ、ケーブルの損失などを補正して妨害波電圧レベルを求め、QP 限度値と比較し判定する。

(6) QP 検波による電圧レベルが平均値（以後 AV と称する）検波限度値と比較して超過またはマージンがとれない場合は、検波回路を AV 検波（IF 帯域幅 9kHz または 10kHz）に設定して AV 検波での端子電圧レベルを求めて AV 限度値と比較し判定する。

(7) 上記手順を同じ周波数の相（ライン、ニュートラル）を AMN で切替え、また他の測定周波数についても同様に測定する。

２－３－２　通信ポート伝導妨害波測定

２－３－２－１　通信ポートの定義と測定方法

　複数のユーザが使用する電気通信ネットワーク（PSTN、ISDN、xDSL、LAN、他）および類似のネットワークを介して音声、データ、信号伝送を行うために直接接続されるポートが対象となる。

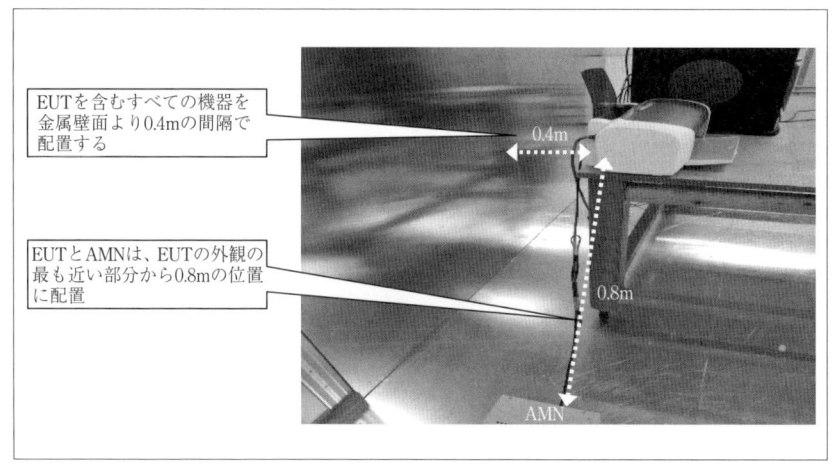

EUTを含むすべての機器を金属壁面より0.4mの間隔で配置する

0.4m

EUTとAMNは、EUTの外観の最も近い部分から0.8mの位置に配置

0.8m

AMN

〔図 10-4〕卓上型 EUT の電源ポート伝導妨害波測定側面図

　ケーブルの種類によって測定方法が規定されており表 10-1 に示す。

２－３－２－２　通信ポートの測定手順

　最も一般的な ISN 法について説明する。

　CISPR 22 で規定されている ISN【インピーダンス安定化回路網】を用いて、150kHz ～ 30MHz の周波数範囲において一般的にシールド室で測定する。

　試験配置は、図 10-1、図 10-2 に併せて図 10-5、図 10-6 を参照する。

　ISN の高周波出力端子にアッテネータ（VSWR 改善と計測器への過入

〔表 10-1〕ケーブルの種類と測定方法

	ケーブルの種類	測定方法	ケーブルの一例
①	非シールド平衡線	ISN 法	LAN ／電話回線ケーブル
②	シールド平衡線 または同軸ケーブル	ISN 法	LAN ケーブル
		150Ω 負荷接続による 電流プローブまたは電圧法	10BASE 2, 10BASE 5 ケーブル
③	その他 （①②以外でシールド型）	150Ω 負荷接続による 電流プローブまたは電圧法	PoE（Power over Ethernet）など ISN を利用できない 通信ケーブル
	その他 （①②以外で非シールド型）	電流プローブと 容量性電圧プローブ法	

【記 1】ISN: Impedance Stabilization Network

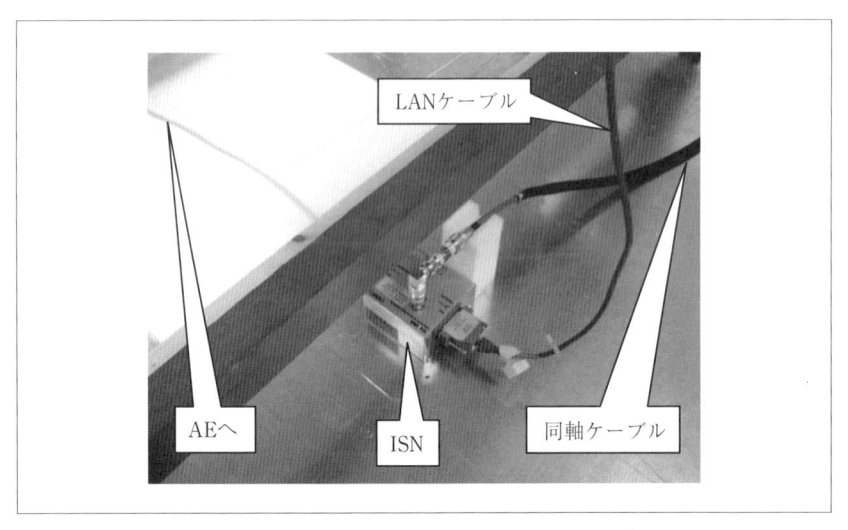

〔図 10-5〕ISN の配置（垂直基準面：写真）

力防止）と同軸ケーブルを介して、スペクトラムアナライザに接続する。AMN の高周波出力端子は、50Ω で終端する。以降は、電源ポート伝導妨害波測定と同様に行う。

2−4　放射性エミッション測定

　CISPR 22 では、放射エミッション測定の周波数範囲は、30MHz 〜 最大 6GHz まで規定されており、EUT の内部で使用される最大周波数によって上限の測定周波数が決まり、その周波数が 108MHz 未満であれば上限周波数は 1GHz、108MHz 以上 500MHz 未満は 2GHz、500MHz 以上 1GHz 未満は 5GHz、1GHz 以上は 5 倍の周波数または 6GHz のいずれか低い周波数まで測定する。測定環境は、30MHz 〜 1GHz および 1GHz 〜 6GHz で要求事項が異なる。

2−4−1　放射妨害波測定（30MHz〜1GHz）

　測定環境は、CISPR 22 では、30MHz 〜 1GHz の周波数範囲で d（測定距離）10m での限度値で規定されている。このため測定エリアとして長径 20m（2d）、短径 17.3m（$\sqrt{3} \times$ d）以上の惰円形の面積を要し床面はフ

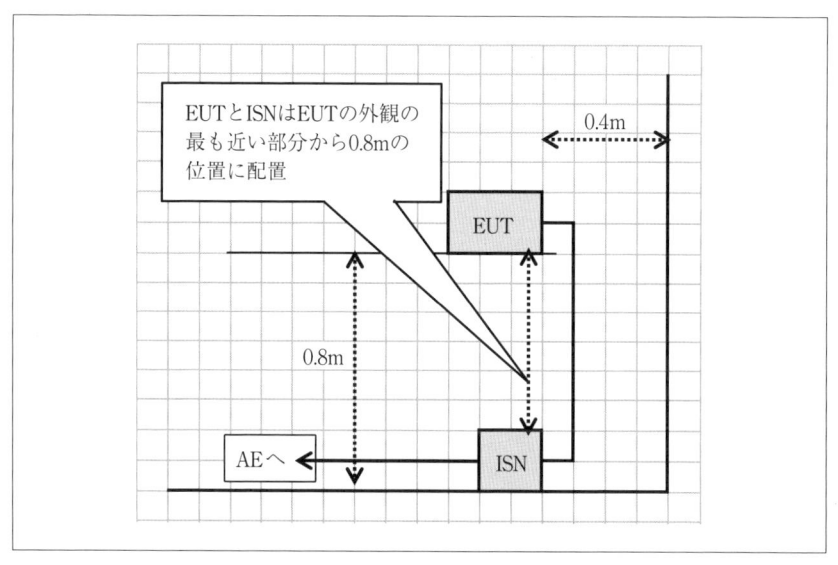

〔図 10-6〕ISN の配置（垂直基準面，側面）

ラットな金属面が要求されている。日本国内では、無線通信や人口雑音が多く、オープンテストサイトよりも電波暗室による測定が主流である。また物理寸法以外に NSA（Normalized Site Attenuation）と呼ばれるサイト減衰量による特性評価が必要で、回転台の中心および周囲 4 ポイントでの測定値が理論値に対して±4dB 以内であることが要求されている。

　試験配置は、図 10-1、図 10-2 と併せて図 10-7、図 10-8 を参照し、以下の手順で測定する。

(1) 受信アンテナ（表 10-2 参照）にアッテネータ（VSWR 改善）、同軸ケーブル、プリアンプ（S/N 改善）を介して、スペクトラムアナライザに接続する。

(2) 受信アンテナを水平または垂直にセットする。

(3) スペクトラムを観測しながら、妨害波が最大となるケーブルや EUT の配置および動作条件を探索する。

(4) スペクトラムアナライザをマックス（ピーク）ホールドにして回転台を 1 周以上回転させ受信アンテナを 1m 〜 4m まで昇降させ、スペクトラムの測定周波数を記録する。

(5) スペクトラムアナライザからテストレシーバに接続を切り替える。

(6) 記録した周波数に同調して QP 検波（IF 帯域幅 120kHz）で測定し指

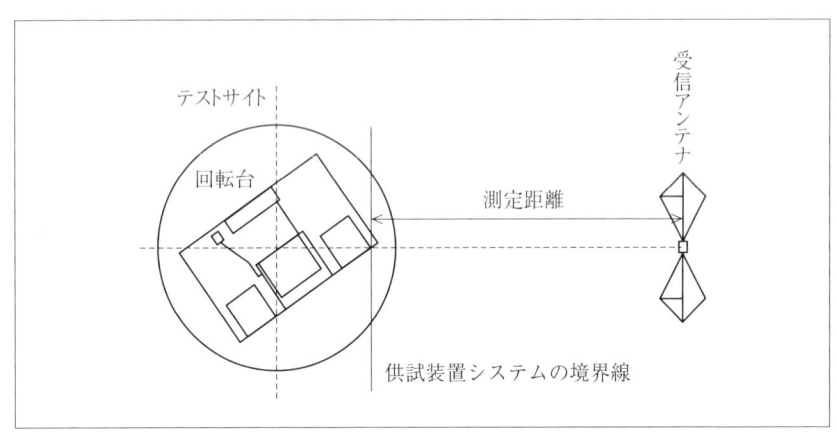

〔図 10-7〕放射エミッション測定の測定配置図（上面図）

示値が最大となるように周波数を微調し、更に回転台の角度、アンテナ高さを調整して、最大の指示値を求める。レベルが変動する場合は最大値を記録する。

(7) 指示値に受信アンテナ、アッテネータ、ケーブルの損失とプリアンプの利得などを補正して妨害波電界強度レベルを求め、限度値と比較し判定する。

(8) 上記手順を他の周波数についても同様に測定する。

(9) 受信アンテナの偏波を垂直または水平にセットし、周波数に応じてアンテナを付替え上記手順を繰返す。

２−４−２　放射エミッション測定 （1GHz〜6GHz）

1GHz 以上の周波数範囲で d（測定距離）3m での限度値で規定されており、測定環境は、床面による反射のない自由空間における条件として SVSWR（Site Voltage Standing Wave Ratio）法で規定され、SVSWR 測定は EUT システムのテストボリューム（EUT システムが設置されるエリア）から決められた測定位置（前、右、左、中心）に対して各 6 ポイントによる距離変化が 6dB 以下の偏差で要求されている。

試験配置は、30MHz 〜 1GHz の測定と同じ条件ではあるが、SVSWR 法による特性を維持するために図 10-9 のように決められた位置に電波

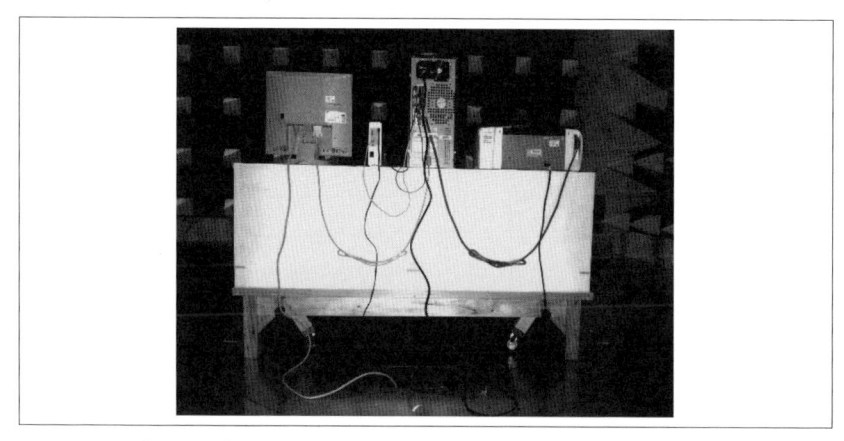

〔図 10-8〕放射エミッション測定の測定配置図（後面図）

吸収体を敷設する。

(1) 受信アンテナ（表10-2参照）に同軸ケーブル, プリアンプ（S/N改善）を介して、スペクトラムアナライザに接続する。

(2) 受信アンテナを水平または垂直にセットし、アンテナ高さはEUTの中心位置に合わせる。（図10-9参照）。

(3) スペクトラムを観測しながら、妨害波が最大となるケーブルやEUTの配置および動作条件を探索する。

(4) スペクトラムアナライザをマックス（ピーク）ホールドにして回転台を数周させ、スペクトラムの測定周波数を記録する。

(5) 尖頭値（以後Pkと称する）限度値およびAV限度値と比較するためスペクトラムアナライザのパラメータを下記のように設定する。

　RBW：1MHz（インパルス帯域幅）

　VBW：3MHz以上（Pk検波）/ 30Hz以下（AV検波）

　Scale：LOG（Pk検波）/ LINEAR（AV検波）

(7) 指示値に受信アンテナ、ケーブルの損失とプリアンプの利得などを補正して妨害波電界強度レベルを求め、各限度値と比較し判定する。

(8) 上記手順を他の周波数についても同様に測定する。

(9) 受信アンテナの偏波を垂直または水平にセットし、上記手順を繰返す。

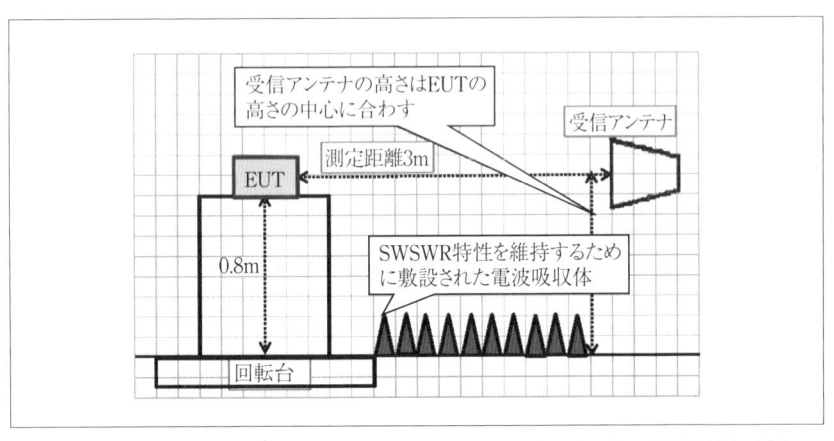

〔図10-9〕放射エミッション測定（1GHz〜6GHz）の測定配置図（側面図）

3. まとめ

CISPR 22 と CISPR 25 の相違点を表 10-2 に示す。

〔表 10-2〕CISPR 22 と CISPR 25 規格の対比表（まとめ）

	項目	CISPR 22	CISPR 25
共通	システム構成	EUT+ ホスト + 周辺機器	EUT+ シミュレータ
	配置条件	80cm 高さの非導電性テーブル	テストベンチ （金属グランドプレーン）
		最大放射方向	固定配置（試験計画書に基づく）
	動作条件	すべての動作条件または最大エミッションを発生する動作モード	
伝導	周波数範囲	150kHz-30MHz	150kHz-108MHz
	検波器	QP, AV（9kHz）	Pk, QP, AV（9kHz【30MHz 以下】, 120kHz【30MHz 以上】）
	電源端子	AMN:50μH/50Ω	AN:5μH/50Ω
	電源線以外	電気通信ポート （ISN, 電流プローブ等）	信号・制御線 （電流プローブ）
	限度値	図 10-10, 10-11 参照	
放射	周波数範囲	30MHz-6GHz	150kHz-2.5GHz
	検波器		Pk, QP, AV（9kHz【30MHz 以下】）
		QP（120kHz【30MH-1GHz】）	Pk, QP, AV （120kHz【30MH-1GHz】）
		Pk, AV（1MHz【1GHz-6GHz】）	Pk, AV（120kHz【1GHz-2.5GHz】） AV（9kHz【GPS 帯】）
	測定環境	OATS または 5 面電波暗室（1GHz 以下）6 面電波暗室（1GHz 以上）	5 面電波暗室
	受信アンテナ	ダイポール 【80MHz 以下は 80MHz 同調】	モノポール 【150kHz-30MHz】
		バイコニカル 【30MHz-250（300）MHz】	バイコニカル 【30MHz-200MHz】
		ログペリ 【250（300）MHz-1GHz】	ログペリ 【200MHz-1GHz】
		ホーン【1GHz-6GHz】	ホーン【1GHz-2.5GHz】
	アンテナに対する EUT の方向	360 度の最大方向	3 軸方向もある。 （試験計画書に基づく）
	測定距離	10m/3m（1GHz 以下 /1GHz 以上）	1m
	受信アンテナ高さ	1-4m / 0.8m+EUT の高さ 3m （1GHz 以下 / 1GHz 以上）	1m （テストベンチ 0.9m 高さ）
	受信アンテナの校正 方法	ANSI C63.5（10m 距離）	SAE ARP958（1m 距離） モノポールは容量性置換法
	限度値	図 10-12 参照	

【記2】Pk/QP/AV：Peak/Q-Peak/Average 検波 AMN/AN：(Artificial) Mains Network（電源線）擬似回路網
　　　OATS：Open Area Test Site（オープンサイト）

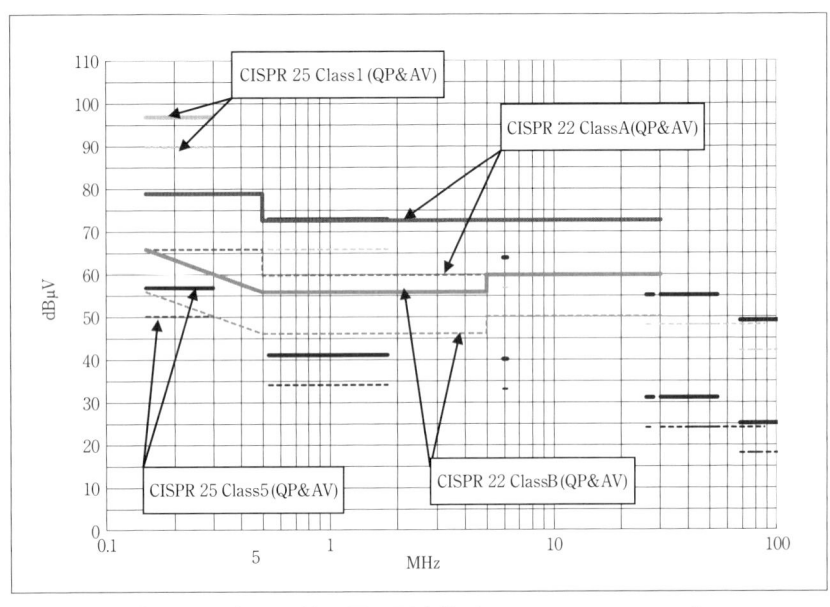

〔図 10-10〕電源端子電圧限度値（CISPR 22/CISPR 25）

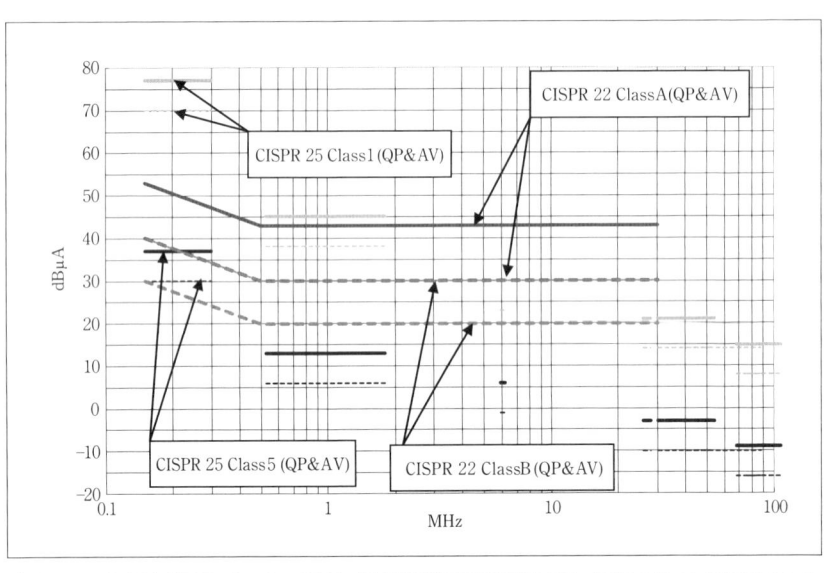

〔図 10-11〕電気通信ポート / 信号・制御線妨害電流限度値（CISPR 22/CISPR 25）
【記：CISPR 22 電流限度値に 44dB を加えると電圧限度値（dBμV）となる】

図 10-12 の限度値の比較から測定距離や数値から単純に比較すると CISPR 25 の方が厳しい数値と判断されやすいが、表 10-2 の CISPR 22 の試験条件（システム構成の規模、EUT の配置条件、アンテナに対する EUT の向き）から、発振周波数の高速化による 500MHz 以上の周波数では、波長が短く指向性が鋭いため微妙な配置の変化でも大きくレベルが変化するので、CISPR 25 の限度値を満足していても CISPR 22 の限度値を満足するとは限らないので、車載機器から ITE にも転用されるものがあれば、注意が必要である。

　次章は、民生機器と車載機器のイミュニティ規格と試験方法の比較について紹介します。

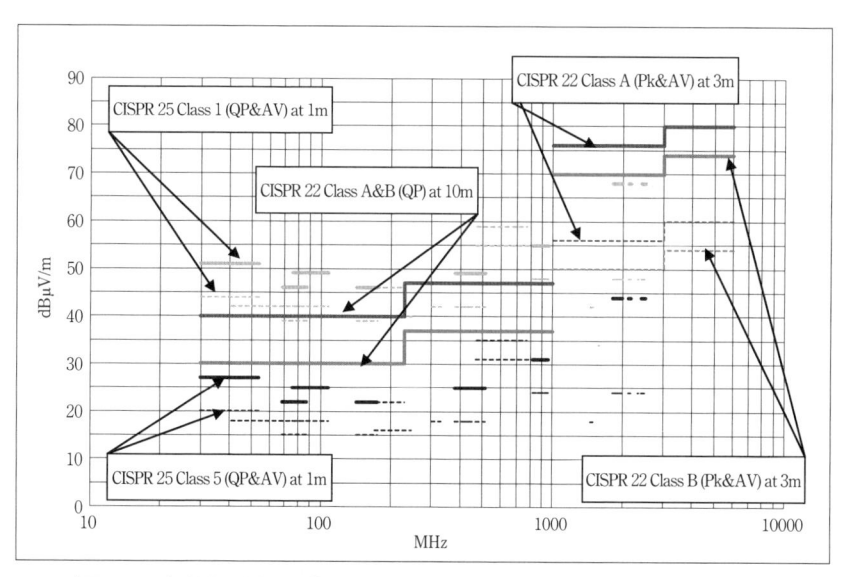

〔図 10-12〕放射妨害波【30MHz 以上】限度値（CISPR 22/CISPR 25）
【記：1800MHz 以上の CISPR 25 限度値は Pk と AV 検波】

第11章

民生EMCと車載機器EMCの相違点3
民生機器と車載機器の
イミュニティ規格と試験方法の比較

1. イミュニティ規格の試験項目

イミュニティは、

(1) EUT（被試験品）のシャーシおよびケーブルに対して電磁界として放射された妨害を与える放射イミュニティ

(2) EUT の電源線や信号線・制御線に妨害を直接印加したり、供給電圧の電圧変化による伝導性イミュニティ

(3) 人体に帯電する静電気の放電（ESD）によるイミュニティ【車載分野では ESD は伝導イミュニティに分類】と大きく 3 つに分類される。

本章は、第 10 章同様に車載機器メーカの読者を対象として執筆しているため、表 11-1 に示す民生機器の IEC 61000-4 シリーズを中心に ISO 規格（車載機器のイミュニティ）と比較して説明する。

〔表 11-1〕民生および車載機器イミュニティ規格の対比

主な民生機器イミュニティ規格		主な車載機器イミュニティ規格	
規格番号	標題	規格番号	標題
IEC 61000-4-2	静電気放電（ESD）イミュニティ	ISO 10605	静電気放電による電気的妨害の試験法
IEC 61000-4-3	放射 RF 電磁界イミュニティ	ISO 11452-2	ALSE（電波暗室）でのアンテナ照射イミュニティ
IEC 61000-4-6	高周波伝導イミュニティ	ISO 11452-4	バルクカレント注入（BCI）
IEC 61000-4-4	EFT/B イミュニティ	ISO 7637-2/3	・電気的過渡伝導（電源線）・容量性および誘導性結合による電気的過渡伝導（信号・制御線）
IEC 61000-4-5	サージイミュニティ	対象外	―
IEC 61000-4-11	電圧ディップ・瞬停	ISO 7637-2	電気的過渡伝導（電源線）
IEC 61000-4-8	磁界イミュニティ	ISO 11452-8	磁界イミュニティ

2．性能基準

　民生機器の性能基準は車載機器と同様に4段階あり、表11-2に示す性能基準 A, B, C は車載機器の性能基準（ステータス1, 2, 3）とほぼ同じ内容となっている。

〔表 11-2〕民生機器と車載機器のイミュニティ試験の性能基準

民生機器		車載機器	
分類	判定基準	分類	判定基準
性能基準 A	試験中、正常動作する。製造仕様以下の性能劣化、機能損失は認められない。	ステータス1	機能は試験中および試験後も設計のとおり動作する。
性能基準 B	試験中は、製造仕様以下の性能劣化、一時的な機能損失を許容する。試験後、正常動作に自動復帰する。（蓄積データの如何なる変化も認めない。）	ステータス2	機能は試験中は設計どおりに動作しないが、試験後、自動的に復帰する。
性能基準 C	試験中は、製造仕様以下の性能劣化、一時的な機能損失を許容する。試験後、自動復帰はできないが、オペレータの介入により回復する。	ステータス3	機能は試験中は設計どおりに動作しなく、試験後、運転者または搭乗者の介入（例えば、DUT の電源またはイグニッションスイッチを切って再投入の動作）なしでは通常動作に復帰しない。
性能基準 D	回復不可能である性能劣化、機能損失。	ステータス4	機能は試験中および試験後も設計どおりに動作せず、より大規模な介入（例えば、バッテリまたは電源供給元へのラインを取外し再接続）なしでは復帰しない。機能は試験の結果として、永久的な損傷をも被っていないものとする。

3．静電気放電（ESD）イミュニティ

IEC 61000-4-2 による ESD イミュニティは、表 11-3 の車載機器の ESD と比較して放電回路は、150pF/330Ω のみであるが、間接放電は HCP（水平結合板）と VCP（垂直結合板）の 2 種類（図 11-1）があり、各々結合板に ESD を印加し結合板から放射される ESD 電磁界による評価を行う。判定基準として性能基準 B を適用することが多い。

〔表 11-3〕民生および車載機器の ESD 試験条件の対比

分類	IEC 61000-4-2（Ed.2）	ISO 10605（Ed.2）
直接放電 （機器に直接印加）	(1) 接触放電（ESD 発生器の電極を機器に接触したのち放電） (2) 気中放電（ESD 発生器の帯電した電極を EUT に接近させアークによって放電）	
間接放電（機器に近接した金属結合板に印加）	(1) HCP（水平結合板） (2) VCP（垂直結合板）	HCP（水平結合板）
放電回路定数	150pF/330Ω	150pF/330Ω, 150pF/2kΩ, 330pF/330Ω, 330pF/2kΩ
試験方法	EUT の動作状態	EUT の動作状態とハンドリング
試験環境 （温度，湿度）	15℃〜35℃, 30%〜60%	15℃〜35℃, 20%〜60% （推奨：20℃,30%）
試験レベル	(1) 接触放電（間接放電含む）： ±2kV〜±8kV (2) 気中放電：±2kV〜±15kV	(1) 直接接触放電：±2kV〜±15kV (2) 直接気中放電：±2kV〜±25kV (3) 間接接触放電：±2kV〜±20kV
ESD 印加回数 （ポイント・電圧・極性毎）	直接放電：10 回以上 間接放電：10 回以上	直接放電：3 回以上 間接放電：50 回

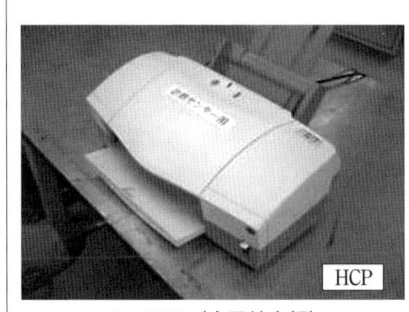

A：HCP（水平結合板）

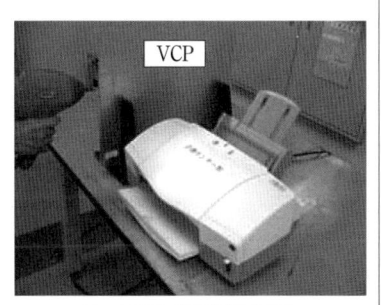

B：VCP（垂直結合板）

〔図 11-1〕IEC 61000-4-2 間接放電の試験配置

4. 放射 RF 電磁界イミュニティ

　IEC 61000-4-3 規格は、判定基準として性能基準 A を適用することが多く、車載 ISO 11452-2 規格と比べて異なる点は、

(1) 試験環境に対する電界の均一性

(2) 試験配置

(3) 変調条件

である。

(1) 試験環境に対する電界の均一性

　アンテナから照射される電磁界が EUT（システム）の区画内で均一な電界を発生させることで、試験結果の再現性を向上させるため、電界の均一性の検証を行う。図11-2 に示すように、EUT の置かれる前面位置（但

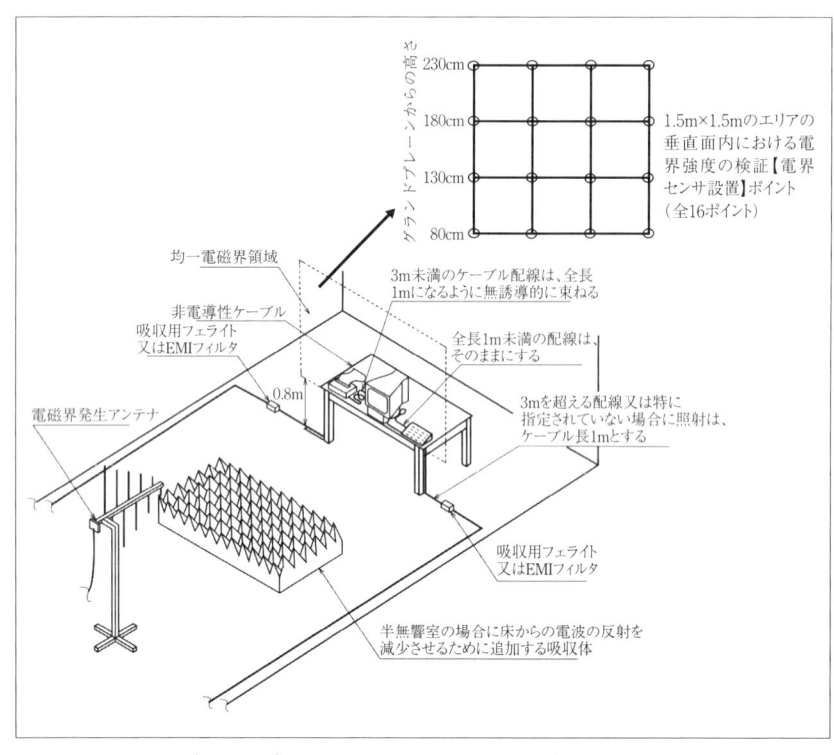

〔図 11-2〕IEC 61000-4-3 における試験配置例

し、実際の試験品は置かない）において 1.5×1.5m の垂直面内の 16 ポイントにおける電界強度の偏差を計測することによって、電界分布の均一性の検証を行うことを要求している。この場合の一様性の基準は、16 ポイントの内 75%（すなわち、12 ポイント）以上の電界強度が試験レベルに対して−0 〜 +6.0dB 範囲内（すなわち、試験レベル以下の電界強度は認められない）にあれば、均一であると見なされる。電界分布一様性の検証時における推奨試験距離は 3m である。

【注記：3m 未満であれば、アンテナによってはビーム幅の特性上、均一性が維持できない場合がある。またグランドプレーン（床面）にも電波吸収体を設置しなければ均一性は維持できない。】

(2) 試験配置

　EUT（システム）は図 11-2 および図 11-3 に示すように非伝導性のテーブル上に配置し、接続するケーブルは、EUT の付属または取扱説明書で推奨されているケーブルを用いる。該当するケーブルがない場合は、市販品のものを使用する。試験は、試験品配列の 4 つの側面に対して、水平および垂直偏波の両方の偏波で電磁界を照射する。

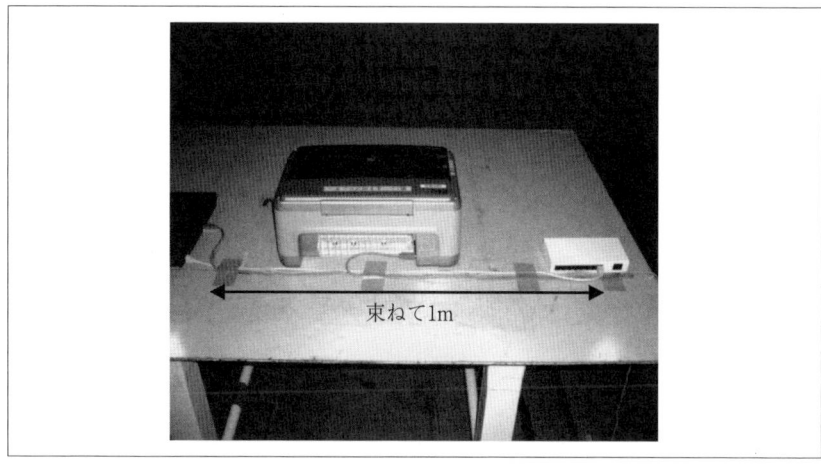

〔図 11-3〕接続ケーブルが 1m 以上 3m 未満のケーブル配置例
【記：製造業者の指定長さが 3m よりも長いか、または長さの指定がない場合には、照射されるケーブルの長さは 1m にして、残りのケーブルはフェライト等で減結合させてもよい】

(3) 変調条件

変調条件は、一部の個別的な要求を除き、全周波数範囲で AM 変調（1kHz、80%）にて行う。

しかしながら自動車・車載規格とは異なり、定ピーク（AM 変調時の波高値を無変調時の波高値と合わす）の手法は使用せず、無変調の条件で試験レベルに調整した後、そのままのレベルで AM 変調を適用させるため、図 11-4 のように波高値はピークレベルで 1.8 倍となり厳しい条件となる。

以上について車載機器規格との比較を表 11-4 に示す。

車載機器の試験条件に対して

・電界の均一性の要求から 1.5m×1.5m の垂直面

・EUT の 4 方向に対する試験の実施

・AM 変調による 1.8 倍の電界強度（ピーク値）

の条件が異なり、試験レベルは車載に比べて小さいが厳しくなる可能性も十分にある。

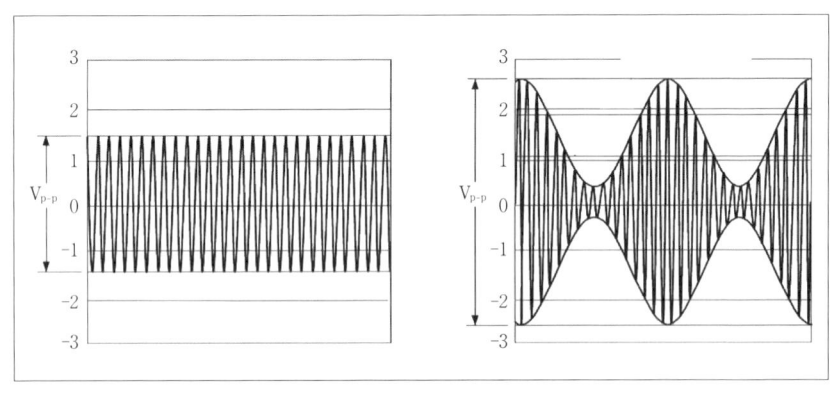

〔図 11-4〕無変調波形と AM 変調波形

〔表11-4〕民生および車載機器の放射電磁界イミュニティの試験条件の対比

	ISO 11452-2	IEC 61000-4-3
試験周波数範囲	80MHz-18GHz	80MHz-6GHz
試験レベル	Level 1/2/3/4/5：25/50/75/100（V/m）/ 使用者間で合意されたレベル	Level 1/2/3/4/X： 1/3/10/30（V/m）/ 特殊
変調条件	CW（無変調）：80MHz-18GHz AM（振幅変調）：80MHz-800MHz（定ピーク） PM（パルス変調）：800MHz-18GHz	AM（振幅変調）
周波数ステップ	最大周波数ステップサイズ 周波数帯域（MHz）／リニアステップ（MHz）／対数ステップ（%） 80 ～ 200 ／ 5 ／ 5 ＞ 200 ～ 400 ／ 10 ／ 5 ＞ 400 ～ 1000 ／ 20 ／ 2 ＞ 1000 ～ 18000 ／ 40 ／ 2	対数ステップとして 1（%）以下
試験距離	1m	1m 以上（3m を推奨）
電界校正	1 プローブ法 1GHz 以下：ハーネス中心 1GHz 以上：ハーネス中心から 750mm の 位置（DUT 側）	床面上0.8m～2.3m で幅 1.5m のエリアで 0.5m × 0.5m の グリッド間隔毎の計16ポイント での電界の 75% 以上が試験 レベルに対して0～6dB
電界の均一性	要求なし	
試験レベルの調整	試験レベル校正時の進行波電力	試験レベル校正時の 進行波電力
滞留時間	1 秒以上 / ステップ	0.5 秒以上 / ステップ

5．RF 伝導イミュニティ

　IEC 61000-4-6 規格による伝導イミュニティは、下記の 3 つの方法で妨害波を注入する。判定基準として性能基準 A を適用する。

(1) CDN 法：結合／減結合回路網を用いた直接的な注入

(2) クランプ注入：EM クランプ（容量性および誘導性結合）または電流注入プローブ（誘導性結合）法

(3) 直接注入：100Ω の抵抗を介してシールドケーブルのシールド部分に印加。

　試験対象と使用する結合回路について表 11-5 を、これらの結合回路と試験配置について図 11-5 〜 図 11-9 を参照。

　高周波伝導イミュニティ試験における車載機器規格との比較を表 11-6 に示す。

〔表 11-5〕試験対象と使用する結合回路

試験対象	使用結合回路
電源線	CDN-M2 または CDN-M3
アース端子	CDN-M1
シールド線端子	CDN-S1
非シールド型の多芯ケーブル端子	EM クランプまたは電流プローブ

〔図 11-5〕CDN

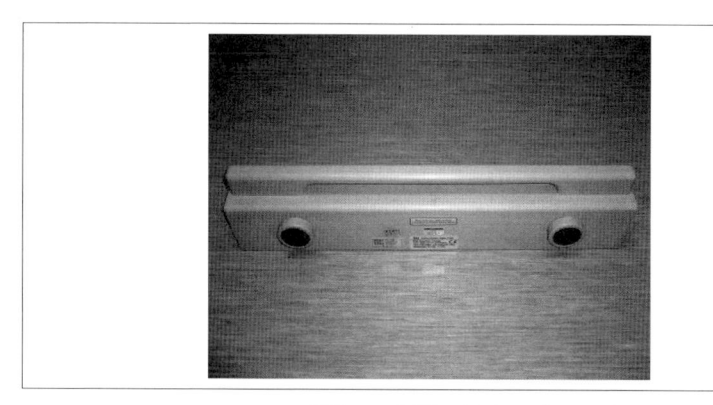

〔図 11-6〕 EM クランプ

〔図 11-7〕 電流クランプ

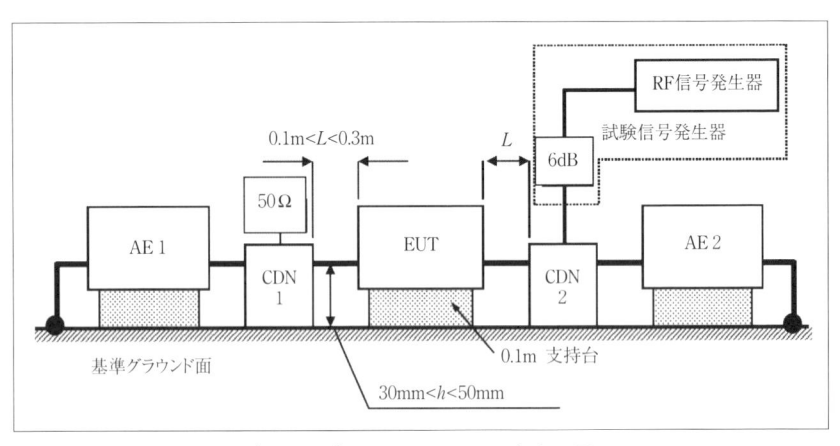

〔図 11-8〕CDN を用いた試験配置

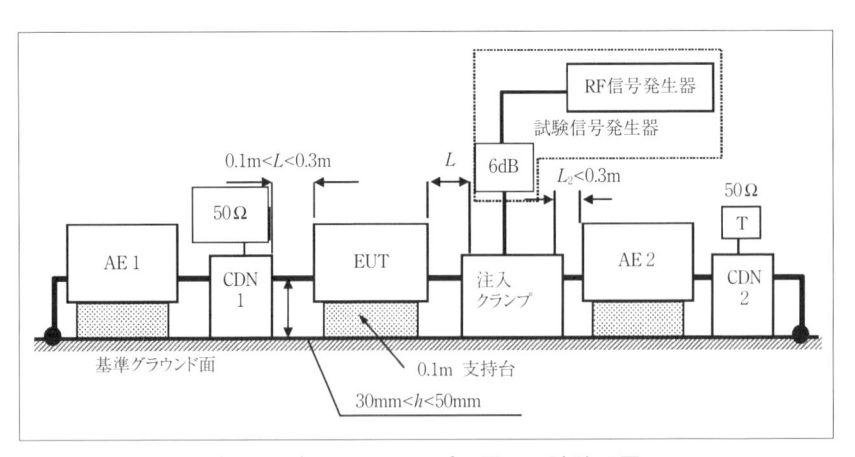

〔図 11-9〕注入クランプを用いた試験配置

【記：注入用 CDN 以外の CDN の注入用入力端子は 1 つを 50Ω 終端し、残りは開放状態にして試験を実施する。終端される 1 つの CDN の優先順位は CDN-M1, CDN-S1, CDN-M2/M3/M4, その他の CDN の順とする。】

〔表 11-6〕民生および車載機器の高周波伝導イミュニティの試験条件の対比

	ISO 11452-4			IEC 61000-4-6
試験周波数範囲	1MHz-400MHz			150kHz-80MHz
試験レベル	Level 1/2/3/4/5：25/50/75/100（mA）/ 使用者間で合意されたレベル			Level 1/2/3/X： 1/3/10（V）/ 特殊
変調条件	CW（無変調）および AM（振幅変調：定ピーク）			AM（振幅変調）
周波数ステップ	最大周波数ステップサイズ			対数ステップとして 1（%）以下
	周波数帯域 （MHz）	リニアステップ （MHz）	対数ステップ （%）	
	1〜10	1	10	
	＞10〜200	5	5	
	＞200〜400	10	5	
結合回路網	BCI プローブ			CDN, EM クランプ, 電流クランプ
試験レベルの 校正条件	50Ω 負荷（BCI プローブ冶具）			150Ω 負荷
滞留時間	1 秒以上 / ステップ			0.5 秒以上 / ステップ

6．その他の伝導イミュニティ

6－1　IEC 61000-4-4：Electrical fast transient/burst（EFT/B）イミュニティ

　電源・信号・制御ケーブル等を介して切り換え動作やリレー接点を持つ機器からの瞬間に発生するような過渡現象を模擬した試験で車載規格ではISO 7637-2のPules3a/3bに類似した試験である。EUTの電源線にはCDN，信号・制御線には容量性結合クランプを介して、図11-10、図11-11の波形（繰返し周波数：5kHzまたは100kHz，バースト長15msまたは0.75ms，試験電圧0.25kV～4kVを印加して試験し判定基準は通常Bを用いる。

6－2　IEC 61000-4-5：サージイミュニティ

　落雷や電力配電システムの故障によって発生する過渡的サージ電圧による影響を模擬した試験で車載規格では該当するものはない。

　試験波形は、コンビネーション波形発生器と呼ばれるEUTの印加する負荷条件に応じて、印加サージ波形が瞬時に切替り、開回路条件では、1.2μs / 50μsの電圧サージ（図11-12：0.5kV～4kV）を供給し、短絡回路

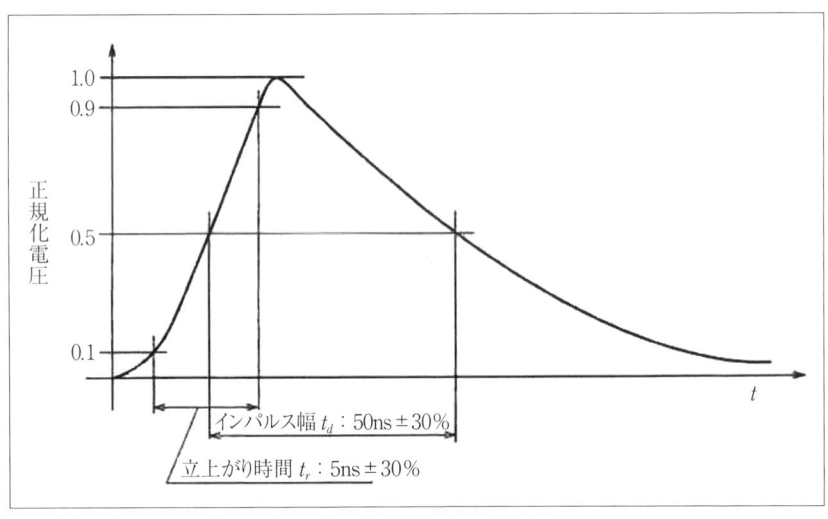

〔図 11-10〕EFT/B 単一パルス波形

条件では $8\mu s / 20\mu s$ の電流サージ（図 11-13：0.25kA ～ 2kA）を供給するようになっている。印加方法は電源線は容量結合にて AC の場合、位相角 0°、90°、180°、270°に同期させて行い、シールドタイプの信号線には直接、シールド部分に印加し、非シールドタイプの信号線には、容量結合、アレスタ結合またはクランプ結合の方法を用い、通常判定基準は B である。

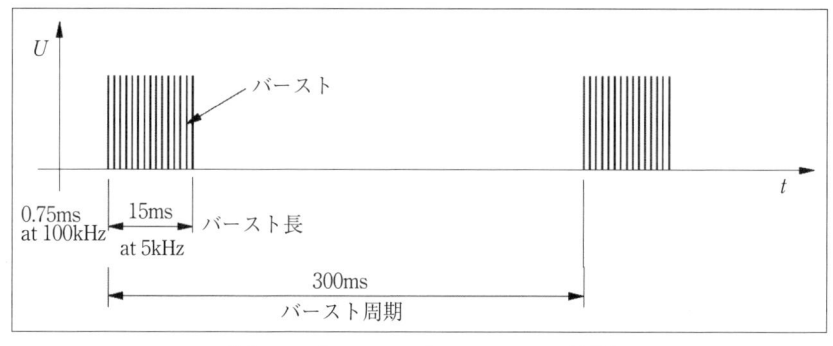

〔図 11-11〕EFT/B バースト burst 波形

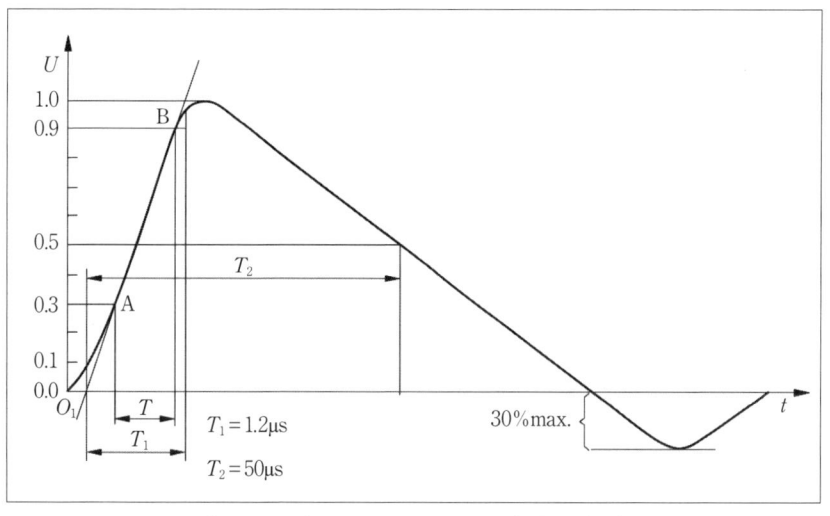

〔図 11-12〕1.2μs / 50μs 開回路電圧波形

6－3　IEC 61000-4-11：
Voltage dips, short interruptions and voltage variations

　電源配電網が落雷による予備配電への切替え（瞬断）や負荷の突然の大きな変化（ディップ）を模擬したもので車載規格には同要因による試験はないが、供給電圧の変動試験としては ISO 7637-2（Ed.2）の Test Pulse 2b,4 が類似試験として挙げられる。試験条件は、表 11-7 参照。

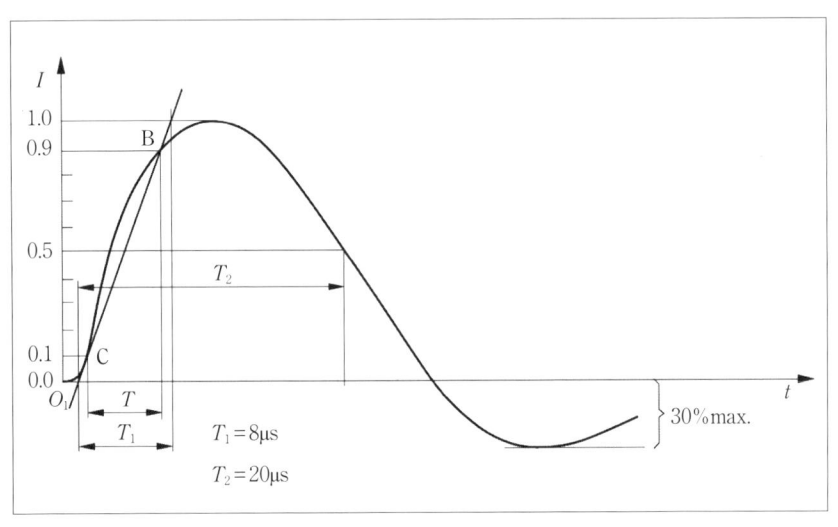

〔図 11-13〕8μs / 20μs 短絡回路電流波形

〔表 11-7〕電圧ディップ／瞬停の試験条件（一例）

【記】(*1) 試験電圧値は EUT への供給電圧値×‥%（100V，70％ の場合は 70V）
(*2) 電源周波数 50Hz ／ 60Hz に対する周期（cycle）

試験規格 （一例）	IEC 61000-6-1 （住宅・商業・軽工業環境）				IEC 61000-6-2 （工業環境）			
試験電圧	供給電圧の 0％ (*1)	供給電圧の 0％ (*1)	供給電圧の 70％ (*1)	供給電圧の 0％ (*1)	供給電圧の 0％ (*1)	供給電圧の 40％ (*1)	供給電圧の 70％ (*1)	供給電圧の 0％ (*1)
試験時間 (電源周波数の周期に対する)	0.5 cycle	1 cycle	25/30 cycle (*2)	250/300 cycle (*2)	1 cycle	10/12 cycle (*2)	25/30 cycle (*2)	250/300 cycle (*2)
性能基準	B	B	C	C	B	C	C	C

7. 磁界イミュニティ

IEC 61000-4-8 による磁界イミュニティは、高圧線や発電所付近または他の機器からの電源周波数磁界（50/60Hz）による影響を模擬した試験で、試験周波数は 50Hz および 60Hz のみで、通常判定基準は A である。試験レベルについては、車載の ISO 11452-8 と比較した図 11-14 を参照。

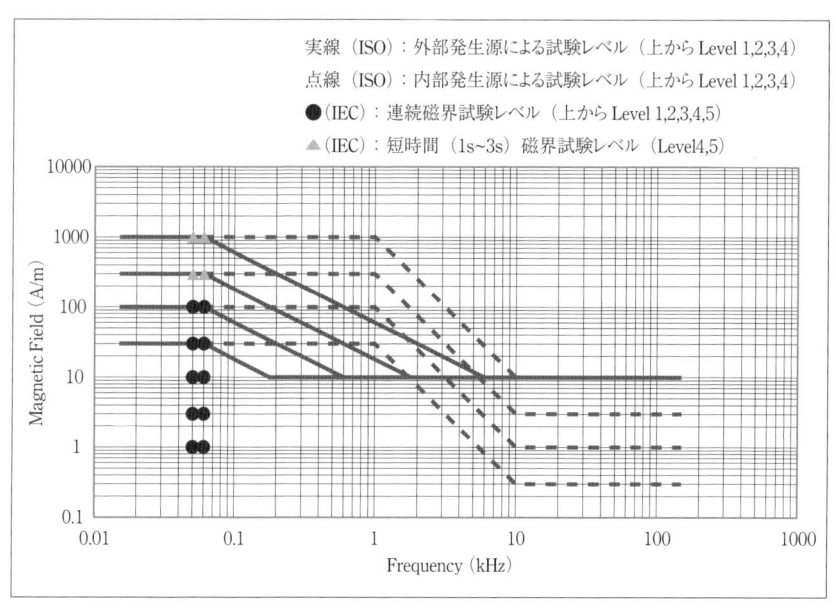

〔図 11-14〕磁界イミュニティの民生および車載機器の試験レベル

8．まとめ

　3章に渡り、車載機器の EMC 業務に携わっておられる方に民生 EMC 規格の試験内容について説明して来ましたが、序論でも説明しましたように UNECE（国際連合 / 欧州経済委員会）Regulation 10（EMC 要件）の05 Series では ESA の充電モードによる評価が追加で提案され、IEC 61000-3-2/12, IEC 61000-3-3/11, CISPR 16-2-1, CISPR 22（通信ポート伝導妨害）, IEC 61000-4-4, IEC 61000-4-5 が適用される予定となっており、単にエミッション限度値や試験レベルの数値だけでは民生機器規格と車載機器規格のどちらが厳しいのか、判断は困難ではありますが、今後、車載機器に対して民生の EMC 試験が要求された場合は、是非、もう一度、読み直して頂き、今後の EMC 業務のご参考にして頂ければ幸いです。

参考文献

第1章

1) 鶴田和弘、"SiC 半導体パワーデバイスの車載実用化の展望"、デンソーテクニカルレビュー、Vol.16、pp.90-95、2011

2) ローム株式会社・製品情報、「SiC MOSFET - SCH2080KE」、"http://www.rohm.co.jp/web/japan/products/-/product/SCH2080KE"

3) 島根県産業技術センター、"http://www.pref.shimane.lg.jp/industry/syoko/kikan/shimane_iit/"

第2章

4) 梶原昭博、"超広帯域無線信号の車内伝搬特性に関する実験的検討、"MMAC フォーラム講演会 2010、平成 22 年 3 月 15 日.

5) 片山祐輔、寺阪圭司、東桂木謙治、松波勲、梶原昭博、"超広帯域無線信号の車内伝搬特性に関する実験的検討、"信学論 (B)、vol.J89-B、no.9、pp.1815-1819、Sept.2006.

6) 中畑洋一朗、梶原昭博、"バス車内における高速無線伝搬特性、"信学論 (B)、vol.J92-B、no.10、pp.1716-1720、Oct.2009.

7) 中村僚平、中畑洋一郎、大田恭平、松波勲、梶原昭博、"セダン車内における超広帯域無線伝搬特性－乗客の影響と車外への漏洩－"、信学論 (B)、vol.J94-B、no.2、pp.300-303、Feb.2011.

8) 中村僚平、梶原昭博、"60GHz 帯の車内広帯域無線伝搬特性について"、信学論 (B)、vol.J95-B、no.2、pp.302-308、Feb.2012.

9) 大津貢、中村僚平、梶原昭博、"ステップド FM による超帯域電波センサの干渉検知・回避機能"、信学論 (B)、vol.J96-B、no.12、pp.1398-1405、Dec.2013.

第3章

10) S.Hayasi, K.Masuda, and K. Hatakeyama, "Radiated Emission Estimation of a Metalic Enclosure Model Source by Inverse-Forward Analysis, " IEICE Trans. COMMUN., Vol.E78-B. No.2, pp.173-180, 1994.

11) P. Petre and T. K. Sarkar, "Near-field to far-field transformation using an equivalent magnetic current approach," IEEE Trans. Antennas Propagat.,

vol. 40, no. 11, pp.1348-1356, Nov. 1992.

12）八木谷聡、石端恭子、長野勇、西吉彦、吉村慶之、早川基、鶴田浩一郎、"低周波電磁波源の位置推定に関する研究、" 信学論 B、Vol. J87-B、No.8, pp.1085-1093、2004

13）菊間信良、山下祐希、平山裕、榊原久二男、"DOA-Matrix 法と SAGE アルゴリズムを併用した複数の近傍波源の位置推定、"信学論 B、Vol.J94-B、No.9、pp.1046-1055、2011.

14）T. Uno, Y. He, S. Adachi, and J. Tada. "Two and Three Dimensional Passive Imaging of Electromagnetic Radiation Source, " Proc. 1994 Intn. Symp. Electromag. Compat., pp.666-669, 1994.

15）廣田慧、桑原義彦、"複雑な 3 次元形状を有する金属面上の逆問題による電流分布の推定、" 電子情報通信学会論文誌 , Vol.J98-B（No.5, pp.425-432, 2014.）

16）C. W. Groetsch, "Inverse Problems in the Mathematical Science, " Vieweg Braunshweig, 1993.

17）P. C. Hansen, "Analysis of ill-posed problem by means of L-curve, " SIAM review, Vol.34, 1992.

18）http://www.rhino3d.co.jp/

19）http://sourceforge.jp/projects/sfnet_meshlab/

第 5 章

20）IEC 61967-1:2002 Integrated circuits Measurement of electromagnetic emissions, 150 kHz to 1 GHz Part 1:General conditions and definitions

21）IEC 61967-2:2005 Integrated circuits Measurement of electromagnetic emissions, 150 kHz to 1 GHz Part 2: Measurement of radiated emissions TEM cell and wideband TEM cell method

22）IEC 61967-4:2002+A1:2006 Integrated circuits Measurement of electromagnetic emissions, 150 kHz to 1 GHz Part 4: Measurement of conducted emissions 1 Ω/150 Ω direct coupling method

23）IEC 62132-1:2006 Integrated circuits Measurement of electromagnetic immunity, 150 kHz to 1 GHz Part 1:General conditions and definitions

24) IEC 62132-2:2010 Integrated circuits – Measurement of electromagnetic immunity Part 2: Measurement of radiated immunity TEM cell and wideband TEM cell method

25) IEC 62132-4:2006 Integrated circuits Measurement of electromagnetic immunity 150 kHz to 1 GHz Part 4:Direct RF power injection method

26) AEC‐Q100‐Rev-F STRESS TEST QUALIFICATION FOR INTEGRATED CIRCUITS Automotive Electronics Council

27) AEC‐Q100‐Rev-G FAILURE MECHANISM BASED STRESS TEST QUALIFICATION FOR INTEGRATED CIRCUITS Automotive Electronics Council

28) Generic IC EMC Test Specification Version 1.2 © 2004‐2007 Bosch, Infineon, Siemens VDO (BISS)

第6章

29) NTT 技術ジャーナル 2009.12

30) 高周波の基礎　三輪 進 著　東京電機大学出版局

31) 入門 アンテナおよび電波の伝わり方　財団法人 電気通信振興会

32) 光の鉛筆　鶴田匡夫著　新技術コミュニケーションズ

33) 映像情報インダストリアル　2013.2

第7章

34) 高木啓：「NCV21 21 世紀は超小型車の時代」、カースタイリング別冊、Vol.139 1/2、pp99-105、2000 年

35) 紙屋雄史、大聖泰弘、桑原史雄、高橋俊輔：「先進電動マイクロバス交通システムの開発と性能評価（第 1 報）」、自動車技術会論文集、Vol. 38、No. 1、20074109、pp.9-14、2007 年

36) 高橋俊輔、大聖泰弘、紙屋雄史、松木英敏、成澤和幸、山本喜多男：「非接触給電システム（IPS）の開発と将来性」、自動車技術会シンポジウム論文集、No.16-07、pp.47-52、2008 年

37) 木村祥太、田中健人、永田祐之、廣田寿男、紙屋雄史、大聖泰弘：「先進電動マイクロバス交通システムの開発と性能評価（第 6 報）」、自動車技術会 2013 年秋季大会学術講演前刷集、No. 148-13、234、

pp.7-12、2013 年

38) http://www.bbc.com/news/technology-25621426

39) Volvo Car Corporation participates in a project for the development of inductive charging for electric cars , Volvo press release May 19, 2011

40) G.Ombach ：Wireless EV Charging, optimum operating frequency selection for power range 3.3 and 6.6kW, SMIEEE, VP Engineering, 2013

41) BOSCH-EvaTran Press release,June 24, 2013

42) W.C.Brown：The History of Power Transmission by RadioWave, IEEE, MTT-32, No.9, pp.1230-1243, 1984

43) 篠原真毅、兒島淳一郎、三谷友彦、橋本隆志、岸則政、藤田晋、三田村健、外村博史、西川省吾：「マイクロ波送電を用いた電気自動車充電システムの評価研究Ⅱ」、電子情報通信学会、信学技報 SPS2006-18、pp.21-24、2007 年

44) 三菱重工業、電気自動車普及のための無線充電システムの研究、JARI ITS セミナー、NU121111、pp.A1-A35、2010 年

45) 外村博史：「ワイヤレス電力伝送システムの自動車適用に向けた WG 活動」、WiPoT symposium WG#2、pp.1-10、2013 年

46) 徳良晋、村山隆彦、上田章雄、高津裕二、新妻素直：「電気自動車向け非接触充電システムの開発」、IHI 技報 Vol.53、No.2、pp.38-41、2013 年

47) 非接触給電システム、住友電気工業カタログ（16）Wireless Charging System

48) 非接触充電システムの概要、トヨタ自動車プレス発表資料 2014-2-13

49) 非接触充電システムの実証実験を開始〜非接触充電により商用車の車載冷凍機を駆動〜、デンソープレス発表資料 2014-2-20

50) 高橋俊輔：自動車分野におけるワイヤレス電力伝送技術と EMC、電子情報通信学会、第 25 回 EMC ワークショップ論文集、pp. 67-107.2013

51) 高橋俊輔：「ワイヤレス給電技術者育成のための基礎知識」、イルカカレッジ、pp. 99-101、2012 年

52）塚原仁：「自動車と EV 充電器に関する EMC 規格と規制」、日本能率協会、第 27 回 EMC・ノイズ対策技術展『世界の EMC 規格・規制』、pp.27-34、2014 年

53）http://www.nikkei.com/article/DGXNASFK1103R_R10C13A1000000/

54）高橋俊輔：「実証評価が進む公共交通用ワイヤレス給電」、オーム社、OHM、Vol.100、No2、pp.43-45pp.43-45、2013 年

55）Roadway powered electric vehicle project track construction and testing program phase 3rd, California PATH Research Paper, UCB-ITS-PRR-94-07,ISSN 10551425, 1987

56）C. Koebel : PRIMOVE-Inductive Power Transfer for Public Transportation , ETEV2012 Session2.3, 2012

57）C.Rim : The Development and Deployment of On-Line Electric Vehicles (OLEV), IEEE ECCE2013 SS3.2, 2013

58）望月正志、沖米田恭之、佐藤剛、山本喜多男：「走行中非接触給電装置の開発（第 4 報）、自動車技術会 2013 年秋季学術講演会前刷集、53-20135710、2013 年

59）http://kensetsunewspickup.blogspot.jp/2013/04/ev.html

第 8 章

60）国際非電離放射線防護委員会　時間変化する電界、磁界及び電磁界による曝露を制限するためのガイドライン（300GHz まで）

61）世界保健機関　無線周波電磁界の健康影響 1998

第 9 章

62）Official Journal of the European Union L254 (UN/ECE R10.04)

63）ECE/TRANS/WP.29/GRE/2012/44 (Proposal for the 05 series of amendments to
Regulation No. 10)

64）62A/746/CD (Committee Draft for IEC 60601-1-2 Ed. 4.0)

第 10 章

65）CISPR 22（Ed.6）

66）CISPR 25（Ed.3）

第 11 章

67) IEC 610004-2 （Ed.2） ISO 10605 （Ed.2）

68) IEC 610004-3 （Ed.3） ISO 11452-2 （Ed.2）

69) IEC 610004-4 （Ed.3） ISO 7637-2 （Ed.2）

70) IEC 610004-5 （Ed.2） ISO 7637-3 （Ed.2）

71) IEC 610004-6 （Ed.3） ISO 11452-4 （Ed.2）

72) IEC 610004-8 （Ed.2） ISO 11452-8 （Ed.1）

73) IEC 610004-11 （Ed.2） ISO 11452-1 （Ed.3）

著者紹介

第1章　山本 真義（島根大学）

第2章　梶原 昭博（北九州市立大学）

第3章　桑原 義彦（静岡大学）

第4章　野村 政司（株式会社 図研）

第5章　砂田 賢一（スパンション）

　　　　布川 秀男（スパンション）

　　　　阿部 裕之（スパンション）

　　　　荒川 豊文（スパンション）

第6章　上條 憲一（森田テック株式会社）

第7章　髙橋 俊輔（早稲田大学）

第8章　吉田 知宏（大日本スクリーン製造株式会社）

第9章〜第11章

　　　　正岡 賢治（一般社団法人KEC関西電子工業振興センター）

注：所属は当時のもの

設計技術シリーズ

車載機器のEMC技術
－低ノイズ・省エネルギーの実現方法－

2018年10月23日　初版発行

編　集	月刊 EMC 編集部	©2018

発行者　　松塚　晃医

発行所　　科学情報出版株式会社

〒300-2622　茨城県つくば市要443-14 研究学園

電話　029-877-0022

http://www.it-book.co.jp/

ISBN 978-4-904774-76-2　C2054
※転写・転載・電子化は厳禁
＊本書は月刊EMC2013 年～ 2016 年の記事を再編集したものとなり、
　各章毎に完結する内容となります。